AF452374

RECHERCHES

SUR

L'ÉDUCATION DES BESTIAUX

ET

LES MOYENS DE L'AMÉLIORER

DANS LA PRINCIPAUTE ET CANTON DE NEUCHATEL

PAR

J.-J. RYCHNER,

MÉDECIN VÉTÉRINAIRE DU GOUVERNEMENT ET DE LA VILLE.

NEUCHATEL,

IMPRIMERIE DE PETITPIERRE ET PRINCE.

—

1835.

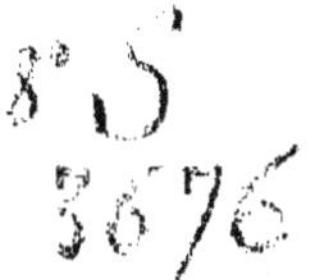

DÉDIÉ

A S. E. M. LE GOUVERNEUR

ET A

MM. LES MEMBRES DU GOUVERNEMENT,

en reconnaissance

de la protection qu'ils accordent à l'agriculture

et à l'éducation des bestiaux.

PRÉFACE.

La société des médecins vétérinaires suisses, dans le but de perfectionner l'art vétérinaire ainsi que l'éducation du bétail, a proposé différentes questions; elle demande entr'autres :

« La description des races ou espèces quelconques d'animaux domestiques dans un canton, leurs caractères principaux, leurs particularités physiologiques et pathologiques, ainsi que tout ce qui y a rapport. »

J'ai choisi pour sujet de mes observations la principauté et canton de Neuchâtel; et désirant autant que possible être utile à ce pays par cet opuscule, j'ai examiné dans ce but à peu près tout ce qui peut faire arriver à des améliorations raisonnées.

Je pense au reste que tout juge impartial voudra ne voir dans ce petit ouvrage qu'une preuve de ma bonne volonté, de mon attachement au pays et de mon désir de contribuer à sa prospérité. Quand un homme dont la langue maternelle est l'allemand, et dont toutes les études ont été faites dans cette langue, doit, pour communiquer ses pensées, se servir d'une langue qui n'est pas la sienne, il doit pouvoir compter sur l'indulgence de ses lecteurs, et pourvu qu'il se fasse comprendre, qu'il éclaire et qu'il soit utile, on doit regarder son but comme rempli.

Neuchâtel, le 5 décembre 1832.

J.-J. RYCHNER,

médecin vétérinaire du gouvernement et de la ville.

I.

Description du pays en général.

§. 1.

A l'ouest de la Suisse s'étend presqu'en forme de carré oblong la principauté de Neuchâtel, qui occupe la partie du Jura, située entre le canton de Vaud, le canton de Berne et la France. Le côté sud-est de cette partie du Jura descend jusqu'au bord du lac de Neuchâtel; ce pays est séparé du canton de Berne par la Thielle qui réunit le lac de Neuchâtel à celui de Bienne.

La ville de Neuchâtel, capitale de la principauté de ce nom, située au bord du lac, se trouve presqu'à égale distance des frontières du canton de Berne et du canton de Vaud; elle est à 4°, 35, 30″ de longitude à l'est du méridien de Paris, et sa latitude est de 46°, 59, 16″. Le lac est élevé de 1319 pieds au-dessus du niveau de la mer, et les plus hautes cimes du Jura sur lesquelles on voit fleurir les plus belles plantes des Alpes, d'environ 5000.

§. 2.

La principauté dont la surface est d'environ 40 lieues carrées, présente, vue du lac, une espèce d'amphithéâtre naturel, formé par les branches du Jura; on y trouve cependant de superbes vallons, où l'on voit une riche végétation, favorisée par l'eau des sources ainsi que par la force des rayons du soleil. Cette situation amphithéatrale naturelle fait qu'on y distingue facilement trois régions, dont l'une, par ses particularités, diffère d'une manière frappante de l'autre.

La bande de terrain qui s'étend depuis le lac jusqu'à la hauteur de 4 à 500 pieds est la région des vignes, (le vignoble).

De cette hauteur jusqu'à 1200 pieds se trouvent les grandes vallées qui sont la région des champs.

Les vallées les plus élevées et les cimes du Jura forment la région des montagnes.

La principauté est divisée en juridictions, appelées mairies ou châtelainies, qui correspondent plus ou moins à ces régions.

a) Celles du vignoble sont les juridictions du Landeron, de Thielle, de Neuchâtel, de la Côte, de Colombier, de Boudry, de Cortaillod, de Bevaix, de Gorgier et de Vaumarcus.

b) Dans la région des champs sont celles de Lignières, de Valangin, de Rochefort, de Travers, du Val-de-Travers et des Verrières.

c) Celles des montagnes sont celles de la Sagne, de la Chaux-de-Fonds, du Locle et de la Brévine.

Dans ces trois régions il y a environ en

Champs	54,353 poses.
Prés	47,928 »
Prés enclos . . .	10,008 »
Pâturages	60,006 »
Terres en friche . .	7,211 »
Marais	4,951 »

NB. Nous ne faisons pas mention des vignes et des forêts qui n'ont pas de rapport à notre but.

§. 3.

Presque toutes ces vallées ont des ruisseaux ou des torrens, et deux d'entr'elles de petits lacs. Dans le vignoble on ne manque pas de sources et l'on en trouve encore quelques-unes dans la région des montagnes la plus élevée; cependant l'eau, dont on se sert aux montagnes est pour l'ordinaire de l'eau de pluie, conservée dans des citernes. La région des champs a des fontaines, ainsi que des puits et des citernes.

§. 4.

La composition du terrain est à peu près la même que celle que le Jura présente partout. Il y a partout de fortes couches calcaires qui sont par places interrompues par la marne, ou couvertes de couches de gravier, d'argile, de sable, de molasse, et enfin de tourbe, dans plusieurs endroits marécageux. Dans plusieurs gorges du vignoble on trouve souvent une profondeur considérable de bonne terre. Le sol en général est tel que la situation, etc., le permet, c'est-à-dire, fertile, et la végétation très active.

Les chaussées sont par fois très belles, mais dans certains endroits elles sont bien mauvaises, non-seulement à cause de leur pente rapide, mais parce que le gravier que l'on y met et qui consiste principalement en matériaux calcaires, est très grossier.

§. 5.

La température diffère naturellement suivant la saison et suivant les régions. L'été est chaud dans le vignoble; on y voit l'amandier, le mûrier et le châtaignier fleurir à côté de la vigne et porter des fruits, qui parviennent à leur maturité, tandis que dans la région des pâturages le thermomètre pendant les jours pluvieux est souvent, au mois de mai, à 3 ou 4 degrès au dessous de o. Les moissons se font dans la région des champs 3 ou 4 semaines plus tard que dans le vignoble. L'automne en général est la plus belle saison dans les montagnes, car alors les régions inférieures et principalement le vignoble sont quelquefois pendant 2 ou 3 semaines couvertes d'un brouillard épais, humide et frais.

L'hiver est doux dans le vignoble, plus crû dans la région des champs, et souvent terrible aux montagnes, où le thermomètre descend quelquefois au dessous de 26° et même au dessous de 30. Une masse de neige de 4 à 6 pieds couvre les pâturages et il en reste quelquefois jusqu'au milieu du printemps, qui est la plus agréable saison dans les régions inférieures, où l'on a cependant souvent des retours de froid et même des gelées à cette époque.

§. 6.

L'air en général est agréable, sain et frais, toujours un peu agité par de petits vents qui courent dans la direction des vallées, et qui par fois soufflent avec violence. Le vent de l'Est, nommé *la bise*, est froid et piquant, et amène ordinairement le beau temps. Le vent du Nord *(le joran)* est froid et piquant; en été il amène le beau temps. Le vent de l'Ouest, appelé *le vent*, est souvent impétueux et amène la pluie. Le vent du Midi, nommé *ubère*, est chaud; vers la fin de l'hiver, il fond la neige, mais en été il amène de forts orages.

Il est à remarquer que l'ubère souffle très rarement, et que le joran ne souffle ordinairement que le soir; dans ce cas il amène le beau temps. Il souffle beaucoup moins souvent le matin.

§. 7.

Le sol produit une herbe grasse et longue dans
le vignoble; elle est d'une très bonne qualité; moins
grasse et moins longue, et presque toujours mêlée
d'esparcette dans la région des champs; fine et
courte, mais pleine d'aromates dans la région des
pâturages. On voit fleurir des arbres fruitiers jusques dans la région des champs, mais ce ne sont
en général que des pruniers.

Pour le bétail, on sème dans les deux régions
inférieures de l'esparcette pure, du trèfle et de la
luzerne. Pour la nourriture (lécher) des bêtes à
cornes pendant l'hiver, on cultive fréquemment,
surtout dans le vignoble, des pommes-de-terre,
des raves, des carottes, des rutabaga (Brassica ole-
racea napo-brassica, Lin.) (schwedische Kohlrübe)
et les racines d'abondance (beta vulgaris, vel ciclea
Lin.) (Mangoldrübe). Les racines de ces deux dernières plantes parviennent souvent au poids de trois
à cinq livres.

§. 8.

Les habitans de la campagne, ou les agriculteurs
de la principauté, ont le caractère bon; ils sont robustes, laborieux, vifs, souvent prompts. Ils aiment
beaucoup le travail et l'exigent aussi de leurs animaux. Ils savent lire, écrire et calculer mieux que

beaucoup de leurs voisins Suisses et Français; mais une instruction, qu'on peut appeler la mère de l'instruction, la connaissance de la nature, leur manque encore; elle les préserverait d'une quantité d'erreurs et d'abus dans la conduite de leurs bestiaux et la culture de leurs terres. A l'exception d'un petit nombre, ils agissent sans principes, ainsi que le grand nombre de vachers bernois établis dans ce pays, qui ne connaissent que les traditions sorties des temps de la superstition, etc. En général, les Neuchâtelois agriculteurs aiment beaucoup leurs bestiaux et en ont ordinairement le plus grand soin, à quelques exceptions près.

§. 9.

Le nombre des bestiaux qui se trouvent dans ce petit pays est très considérable, comme le tableau ci-dessous de 1829, 1830 et 1831 le fera voir.

L'an.	Taureaux.	Bœufs.	Vaches.	Elèves.	Veaux.
1829	153	2,531	12,012	3,113	1,221
1830	146	2,536	11,850	2,871	918
1831	146	2,580	12,229	2,348	952

L'an.	Chevaux et mulets.	Anes.	Moutons.	Chèvres.	Porcs.
1829	2,818	80	8,638	2,313	4,356
1830	2,741	87	8,058	2,383	3,698
1831	2,533	79	7,604	2,224	3.729

II.

Description caractéristique des différentes espèces de chevaux et de bêtes à cornes qui se trouvent dans la principauté.

§. 10.

A. *Les chevaux.*

On peut diviser nos chevaux en deux classes, savoir : chevaux de maître et chevaux de travail. Les chevaux de travail sont des chevaux nés dans le pays, ou des poulains achetés dans les cantons voisins.

Parmi les chevaux de maître on voit de grands et beaux chevaux de cabriolet du canton de Berne, des chevaux anglais et des chevaux allemands de différentes races.

Pour atteindre le but que nous nous sommes proposé, nous allons commencer par examiner l'extérieur de nos chevaux. Les principales foires où nos cultivateurs achètent leurs chevaux sont les foires d'Yverdon, de Morat, d'Arberg et d'Anet. Toutefois celles de Morat et d'Yverdon sont les plus importantes; la foire d'Anet est encore plus

fréquentée que celle d'Arberg, car les chevaux que
l'on trouve dans ce dernier endroit sont d'un prix
trop élevé pour la plupart de nos agriculteurs; on
y trouve de superbes chevaux, mais qui sont très
chers.

En général, les chevaux faits que l'on achète
jeunes, principalement à la montagne de Diesse,
ainsi que ceux que l'on tire du canton de Fribourg,
se distinguent de ceux des marais d'une manière
avantageuse quant à l'extérieur, et ils réunissent à
la bonne façon beaucoup de force.

Nos cultivateurs ne choisissent que des chevaux
de taille moyenne, et c'est avec beaucoup de raison, car nous voyons prospérer cette espèce de
chevaux chez nous. Il y en a quelques-uns qui
trouvent leur compte à acheter des poulains de la
grande espèce du canton de Fribourg, dont ils
forment de gros chevaux de prix pour les vendre
aux marchands français; mais à dire vrai, ils ne
s'en servent jamais beaucoup, parce qu'ils tiennent
à les engraisser.

§. 11.

Nous pouvons distinguer, mais non sans beaucoup d'attention, les principales formes suivantes
dans nos chevaux.

PARTIES.	I.	II.	III.
Tête.	grande, souvent charnue, front médiocre, nez droit.	grande, osseuse, sèche; front large, nez par fois un peu enfoncé.	proportionnée, front large, nez droit.
Encolure.	bonne, fournie.	maigre, ordinairement droite.	bonne, fournie, un peu arquée.
Garrot.	un peu bas.	un peu bas.	médiocre.
Poitrail.	médiocre.	le plus souvent large.	toujours large.
Côtes.	ordinairement un peu aplaties.	aplaties.	rondes (voûtées)
Dos.	un peu enfoncé.	un peu enfoncé.	par fois, un peu enfoncé, très souvent droit.
Ventre.	médiocre.	ordinairement gros.	beau, proportionné.
Reins.	enfoncés.	médiocres.	médiocres, souvent beaux.
Croupe.	large, ravalée, hanches un peu cornées.	large, ravalée, hanches cornées.	large, ronde et plus horizontale que chez les autres.
Membres.	médiocres, souvent chargés.	secs, fins (quant aux os), mais la peau chargée.	secs, fins.
Le total.	en général pas mal formé, le corps souvent trop long.	en général pas une forme agréable, corps court, mais rarement bien ramassé.	bien formé, corps court et bien ramassé.

Il nous semble qu'il n'est pas très difficile de reconnaître dans la première classe de ce tableau le cheval fribourgeois, dans la seconde le cheval des marais, et dans la troisième le cheval de la montagne de Diesse, et qui, acclimatés dans notre pays, ont toujours perdu tant soit peu de leur caractère original.

§. 12.

Nous n'avons parlé que des chevaux achetés jeunes aux foires d'Yverdon, de Morat et d'Anet, et chez les particuliers de la montagne de Diesse. Voici une description des chevaux nés et élevés dans notre pays.

Ils ont la tête grosse, un peu charnue, le front large, le nez droit, souvent un peu enfoncé, l'encolure rarement distinguée, peu fournie, le garrot très bas, le dos encore souvent droit, les reins enfoncés, le poitrail beau, les côtes le plus souvent aplaties, la croupe large, fendue, toujours ravalée, les membres secs, mais chargés de longs poils, les sabots originairement bons et solides, les fonctions vitales très régulières. Leur caractère est doux; ils ont bonne volonté; ils sont très forts, bons mangeurs et très robustes; on en voit de l'âge de 3o ans qui travaillent encore à merveille.

Cependant nous sommes forcés de dire qu'un cheval de la montagne de Diesse, élevé et acclimaté dans ce pays, se distingue d'une manière frappante de tout autre cheval; en un mot, c'est le cheval à préférer pour améliorer les chevaux du pays.

B. *Les bétes à cornes.*

§. 13.

Suivant le sexe et l'emploi qu'on en fait, il faut distinguer les bêtes à cornes en trois espèces, savoir : 1. les taureaux; 2. les bœufs, *a)* pour le travail, *b)* pour l'engrais; 3. les vaches.

Le nombre des taureaux est considérable, et il y en a de très beaux, élevés dans ce pays même, comme le font voir les concours annuels.

Les bêtes à cornes en général sont de deux sortes; elles sont introduites dans le pays fort jeunes, ou elles y sont nées.

1. Les taureaux nés et élevés dans le pays sont bien proportionnés et beaux. Ils ont le front large, les cornes courbées en avant, la nuque forte et large, le jabot très long; on y tient beaucoup ainsi qu'aux flancs petits, que l'on rencontre assez généralement; les côtes sont bien voûtées, la croupe ronde, la queue longue et munie à son extrémité d'un fort pinceau; les membres ne sont jamais longs, mais bien proportionnés et fins. Leur taille est la moyenne. La couleur, qui est en même

temps la couleur de prédilection des agriculteurs, est qu'ils soient tachetés de rouge et de blanc, ou de noir et de blanc. Ils sont féconds et assez doux. On les emploie beaucoup au travail.

§. 14.

2. Les bœufs.

On châtre les veaux mâles ordinairement cinq à huit semaines après leur naissance, pour en faire des bœufs. Ceux-ci sont de taille moyenne; ils ont la tête belle, le museau pointu, les lèvres fines, les cornes ordinairement bien tournées, l'encolure belle, le dos court, ainsi que les reins, et par conséquent les flancs petits; le ventre rond ainsi que les côtes; la croupe de même; les hanches et toutes les parties relevées sont bien arrondies. Les membres sont courts, fins, secs et solides; en un mot, les bœufs que l'on voit dans ce pays sont très bien proportionnés.

Le plus grand nombre de bœufs se trouve dans les deux régions inférieures, principalement au Val-de-Ruz et dans quelques juridictions du vignoble.

Outre ceux qu'on élève dans le pays, on en achète encore un grand nombre à la foire de St. Imier, et ce sont principalement les agriculteurs du Val-de-Ruz qui font ces achats. Ces bœufs, achetés avec soin à l'étranger, ne laissent rien à

désirer quant à la forme et aux autres qualités cor-
porelles. Les bœufs pour le travail sont presque
tous ferrés.

Tous ces bœufs sont à la fois vigoureux, rarement malades et très disposés à engraisser. On en
tue souvent à Pâques du poids de 18 à 20 quintaux.

§. 15.

3. Le plus grand nombre des vaches sont nées
dans le pays, mais il y en a aussi beaucoup qui y
sont amenées à l'âge d'un et de deux ans par des
vachers suisses. On amène ces génisses du canton
de Berne, soit de l'Oberland, soit du Simmenthal.
On en amène aussi du canton de Fribourg. Quelques amateurs en font venir même du canton de
Schwytz.

Ces espèces différentes prospèrent très bien dans
ce pays; on estime davantage les vaches de Schwytz,
mais leur prix est également en disproportion avec
le profit que l'on en retire.

Ce sont ordinairement, comme nous l'avons déjà
dit, les vachers suisses qui introduisent dans le
pays le bétail étranger. On en débarque au mois
de mai à Neuchâtel une quantité qu'on a amenées
depuis l'autre côté du lac sur des bateaux. Ils les
mettent à leurs frais et à leur profit dans les pâturages, et à l'entrée de l'hiver ils en font des enchères et en vendent la moitié, qui reste cependant

toujours au pays ainsi que l'autre moitié. Toutes deux sont pour ainsi dire déjà acclimatées, et commencent à propager. Quoique à la deuxième et troisième génération on puisse encore distinguer la petite vache oberlandaise de la grosse race du Simmenthal, et ces deux espèces de celle du pays, on ne peut pas nier qu'elles n'aient beaucoup perdu de leur originalité, mais non pas à leur désavantage; car, ce qui est remarquable, les différentes races de bêtes à cornes introduites dans ce pays, acquièrent une forme plus arrondie.

L'espèce croisée provenant de ces vaches est bien bâtie, la tête en est jolie, fine, les cornes bien tournées, le museau pointu, le cou d'une forme à l'abri de tout blâme, le dos droit, les côtes rondes, les flancs courts et replets, les reins assez larges, le ventre pas trop gros, la croupe ronde et fournie, la queue allongée, les mamelles bien proportionnées, les membres très fins et proportionnés. La taille est considérable et surpasse souvent la taille moyenne.

§. 16.

Les autres genres d'animaux domestiques qui se trouvent dans la principauté sont les mulets, les ânes, les moutons, les chèvres et les porcs.

On achète les mulets ordinairement à la foire de Romont, canton de Fribourg. Ce sont principalement les laitiers qui se servent des mulets ou des ânes pour transporter leur lait, etc.

Le nombre des moutons qu'on élève dans le pays, mais jamais par grands troupeaux et seulement çà et là, n'est pas très considérable; cependant l'espèce en est bonne.

Il y a quelques particuliers qui élèvent des porcs avec beaucoup de profit et de succès. C'est bien dommage que cette branche d'agriculture soit tellement négligée dans la principauté, qu'on y soit forcé d'acheter plus de 2000 porcs gras des cantons voisins.

Il nous semble que cette industrie dans notre pays mérite d'être stimulée par les autorités.

§. 17.

Examinons à présent les maladies et les indispositions les plus ordinaires des chevaux et des bêtes à cornes.

Si nous parlons ici de l'état pathologique de ces animaux, ce n'est qu'en général, c'est-à-dire, sans égard aux différentes localités du pays; cela nous occupera plus tard.

a) **Des chevaux.**

L'état inflammatoire prédomine chez eux; cependant il se fonde plutôt sur l'extension trop forte du sang, que sur sa quantité; de manière que cet état se rapproche davantage d'un éréthisme. Nous en développerons plus bas les causes.

Suivant les saisons et les changemens de température, il se développe un assez grand nombre de maladies lymphatiques, catarrhales et bilieuses qui portent toujours le caractère inflammatoire. En été nous voyons plus de pneumonies qu'en hiver, car en été les chevaux s'échauffent plus vite en montant, et les courans d'air sur les hauteurs les refroidissent promptement. Vers le printemps et en automne les affections catarrhales, lymphatiques et rhumatismales sont fréquentes et se manifestent principalement par des rhumes, des esquinancies et des gourmes; ces dernières attaquent principalement les jeunes chevaux. Pendant les mêmes saisons, et surtout lorsque la neige fond, on voit souvent des rhumatismes inflammatoires à l'une des jambes de derrière. Les chevaux un peu mal soignés et beaucoup fatigués pendant l'automne, commencent vers le printemps à se rétablir et poussent ces éruptions cutanées bénignes, nommées ici vulgairement *le feu*. De ces éruptions cutanées assez fréquentes, et d'un traitement qui leur est contraire, il résulte d'autres maladies, des eaux aux jambes, des malandres, même le crapaud. Les maladies des sabots les plus fréquentes sont l'inflammation (la fourbure) et les bleimes.

Quant aux coliques, au vertigo (mania et melancholia) et à la pousse (asthma), ils sont très rares.

Quant aux épizooties, la fièvre nerveuse en 1825 et 1827 a enlevé beaucoup de chevaux.

En fait de maladies contagieuses, la morve régna en 1828 et 1829. On fut forcé de tuer un assez grand nombre de chevaux, principalement en ville.

§. 18.

b) Des bêtes à cornes.

Leurs indispositions les plus fréquentes se rapportent aux voies et aux organes dont les fonctions prédominent sur les autres, savoir aux organes de la nutrition, et chez les vaches, aux organes de la sécrétion du lait.

Il y a rarement des bœufs ou des vaches qui ne soient pas *cousus* (dureté de la peau qui est fortement attachée au corps) vers la fin de l'hiver. L'inflammation du psautier, nommée *le sec*, est pendant l'hiver très fréquente et souvent dangereuse. La tympanite, ainsi que le gonflement, se font voir, mais rarement dans la région des pâturages. La maladie de la tête (nommée *le mal de cri*) est plus fréquente et toujours dangereuse; elle attaque principalement les bœufs et les jeunes bêtes grasses, et dans toutes les saisons. En automne on observe souvent des diarrhées. L'inflammation d'un quartier des mamelles est la maladie la plus ordinaire et la plus fréquente des vaches à lait. Dans les brusques changemens de température, les bœufs boitans ne sont pas rares. Les vaches en général se nourrissent bien; quelquefois vers le printemps elles deviennent friandes, et après avoir été une fois aux pâturages, il est souvent impossible de les nourrir avec du foin à l'approche de l'époque où on les met à la montagne; elles ne mangent plus et ne font que brâmer jour et nuit.

Un des inconvéniens les plus graves est que par fois, après avoir fait le second ou le troisième veau, elles demandent toujours le taureau sans pouvoir concevoir; ce qui n'arrive par malheur que trop fréquemment.

Les avortemens ne sont pas très rares non plus, et dans ce cas les arrière-faits séjournent encore pendant une huitaine de jours dans le corps. Après beaucoup de recherches, nous sommes parvenus à découvrir que cet inconvénient se trouve principalement chez les vaches croisées de la première génération. Les chutes de matrice se voient aussi fréquemment.

Comme maladie épizootique contagieuse, on a vu, en 1822, aux Geneveys-sur-Coffrane, au Val-de-Ruz, la péripneumonie. En 1826, le surlangue (claudication et aphthæ epizooticæ) avait régné, et presque tous les printemps le mal noir (anthrax) enlève rapidement quelques-unes des plus belles vaches aux pâturages.

La disposition à lécher tous les objets et le tournoiement de tête (vertigo) sont rares, surtout dans les deux régions supérieures. A l'arrivée du printemps, on voit très souvent des éruptions cutanées. Depuis que la pâture dans les forêts n'est plus en usage, le pissement de sang (hæmaturia) est rare.

III.

Description des localités et leurs rapports avec l'éducation des bestiaux en particulier.

A. *Le vignoble.*

§. 19.

La juridiction du Landeron, située entre le canton de Berne, le lac de Bienne et la Thielle, avec la petite ville du Landeron, paroisse catholique, les villages de Cressier et d'Enges, et deux hameaux, Combes et Frochaux, occupe en grande partie un terrain marécageux.

On y compte 48 chevaux, 5 taureaux, 219 bœufs, 355 vaches, 111 élèves et 55 veaux.

Remarque. Ces évaluations sont tirées du tableau de 1830 (pour toutes les juridictions).

Les chevaux qui s'y trouvent n'ont en général aucun caractère distinctif, non plus que les bêtes à cornes. Les plus belles pièces se trouvent au Landeron, à Cressier et à Enges, chez quelques particuliers soigneux et laborieux.

Le fourrage, c'est-à-dire le foin, est en grande

partie tiré des marais aux bords de la Thielle. On cultive aussi quelques herbes artificielles. Cressier a en quelques endroits de très bon foin, et à Enges il y en a d'excellente qualité. On amène aussi chaque semaine en ville, depuis Enges, une quantité considérable de beurre. Pour le lécher des bêtes à cornes, on leur donne les racines de différentes plantes, des carottes, des pommes-de-terre, etc., mêlées avec du son et des graines de foin.

Le bétail est abreuvé avec de l'eau de source, qui est fraiche et bonne.

Les écuries, à peu d'exceptions près, sont mal bâties, basses, étroites, sombres et malpropres; plusieurs même sont humides et ressemblent à des caves, étant plus enfoncées que le niveau du terrain qui les environne.

Les maladies qui se montrent plus fréquemment dans cette partie de la principauté que dans d'autres, sont des cachexies sous différentes formes et nuances, et des affections rhumatismales et arthritiques, provenant tant du fourrage marécageux que des mauvaises écuries. L'influence de la superstition, dont certains personnages profitent, n'est point du tout favorable aux progrès de l'éducation des bestiaux et à leur prospérité.

§. 20.

La juridiction de Thielle, qui se compose de quatre villages, savoir Cornaux, St. Blaise, Marin et Hauterive, ainsi que des hameaux de la Coudre, de la Favarge, Voens et Maley, Wavre, Epagnier et Thielle, est située entre le lac de Neuchâtel, la juridiction du Landeron, le canton de Berne et la juridiction de Neuchâtel. Elle est sans contredit, quant à sa situation et à sa fertilité, la plus belle partie de la principauté ; on y voit à la fois de superbes prairies, des champs ainsi qu'un bon vignoble ; la partie un peu marécageuse est située vers la Thielle, à l'endroit où celle-ci sort du lac de Neuchâtel. Outre cela, il y a encore quelques places humides qui produisent beaucoup de joncs, que l'on devrait extirper entièrement. Comme cette partie du pays surpasse les autres en beauté et en fertilité, l'on y voit des domaines ou des fermes dont quelques-unes sont considérables.

Le nombre des chevaux monte à 89 pièces ; il y a 4 taureaux, 289 bœufs, 306 vaches, 71 élèves et 20 veaux.

Cornaux fournit beaucoup de bœufs gras ; on y élève quelques chevaux médiocres et quelques pièces de beau bétail qui passent l'été sur les montagnes près de Lignières, à Chasseral et à la Joux du Plane. Les différens hameaux, ainsi que les

villages de ce district, ont en général de beau bétail. Quant aux bêtes que l'on n'envoie pas aux
pâturages des montagnes pendant l'été, on les
nourrit simplement d'herbe ou de fourrages artificiels, tels que le trèfle, la luzerne et l'esparcette.
Le foin des marais s'emploie par fois pour les chevaux comme nourriture; mais on s'en sert souvent
aussi pour litière. La nourriture d'hiver pour toutes
les bêtes consiste, comme d'ordinaire, en foin et
regain, qui sont de différentes qualités, mais en
général bons. Lorsqu'on ne veut pas engraisser les
bœufs, on leur donne en hiver passablement de
paille à manger jusques vers le printemps. Pour
le lécher, on donne des racines, des graines de
foin, du sel et du son, et cela ordinairement après
avoir abreuvé. Quant aux chevaux on leur donne
un peu d'avoine, bien souvent du son, soit avec
de la bourre, soit avec des graines de foin.

Il y a partout, dans ce district, des fontaines,
de manière que les bestiaux ne boivent que de l'eau
de source. Plusieurs propriétaires ont soin de faire
bien nettoyer leurs bestiaux, soit avec une étrille,
soit avec d'autres instrumens, et cela non sans en
tirer de grands avantages, tandis que d'autres,
contre leur intérêt, négligent complètement cet objet. Les écuries sont différentes; il y en a beaucoup
qui ressemblent à des caves ou à des endroits faits
pour engendrer des maladies; presque toutes, à

peu d'exceptions près, sont bien au-dessous du niveau de la rue, sombres, basses, pas assez en pente pour favoriser l'écoulement de l'humidité; un grand nombre sont situées dans le coin le plus retiré de la maison.

Pour le travail on emploie principalement les chevaux et les bœufs; il y a quelques particuliers qui, pendant les récoltes, se servent un peu de leurs vaches, ce qui jamais ne leur peut nuire, pourvu que le travail ne dépasse pas la force de l'animal; au contraire cela exerce toutes les fonctions vitales à la fois d'une manière favorable. A Hauterive, village qui, en proportion de sa grandeur, a passablement de bœufs, on s'en sert très souvent pour charrier des pierres depuis les carrières environnantes en ville ou ailleurs, ce qui est un travail très pénible.

Les mauvaises habitudes qui règnent ailleurs ne sont pas encore très fréquentes de ce côté-ci, comme par exemple, de nettoyer la bouche des chevaux à tous momens, de brûler la verrue des vaches en chaleur, les saignées insensées, etc. Plusieurs propriétaires donnent à leurs vaches, après qu'elles ont fait le veau, un breuvage digestif, ce qui leur est très salutaire.

Dans cette partie de la principauté on ne voit pas beaucoup de maladies particulières. Les bêtes cousues à la fin de l'hiver, ainsi que des vaches qui avortent souvent, voilà les indispositions ordinaires, ainsi que les affections rhumatismales et catarrhales, occasionnées par le mauvais état des écuries. Le trèfle frais que l'on donne bien souvent aux chevaux, mais mal à propos et dans la fausse idée de les engraisser (il faudrait plutôt dire de les gonfler), produit encore quelques coliques, provenant d'un entortillement des fibres des tiges dans les boyaux, et qui forment alors des boules qui, à cause de leur grand volume, ne peuvent pas passer par l'intestin colon, et qui, de cette manière, tuent souvent les chevaux. Les bœufs dont on se sert dans les carrières boîtent plus souvent que d'autres, s'échauffent aussi souvent, et sont maigres.

§. 21.

La juridiction de Neuchâtel, avec la ville capitale du même nom, le village de Serrières et les hameaux de Chaumont, occupe un terrain très inégal. La ville est située au bord du lac; l'on n'y voit ni prairies, ni champs, non plus qu'au village de Serrières, tandis que les domaines de Pierre-à-bot avec leurs champs et leurs prairies, appartenant à la ville, sont situés dans la région des champs, ainsi que le beau vallon appartenant à l'abbaye de Fontaine-André. Les hameaux de Chaumont atteignent déjà la région des pâturages.

Le nombre des chevaux surpasse de beaucoup

le nombre des bêtes à cornes, car le nombre des chevaux se monte à 198 pièces, celui des bêtes à cornes, savoir des taureaux à 5, des bœufs à 10, des vaches à 142, et des élèves à 17 pièces. La moitié de ces chevaux sont des chevaux de maître, de races toutes différentes, dont l'une s'acclimate aussi bien que l'autre. Quelquefois des propriétaires élèvent par fantaisie quelques poulains de race ou espèce particulière, et l'on en a déjà élevé de très beaux et bons, soit à l'écurie, soit aux pâturages.

Les vaches qui se trouvent en ville sont très bien choisies; elles viennent soit du pays, soit de la Suisse; il y en a quelques grosses du Simmenthal, et même 2 ou 3 du canton de Schwytz. On les garde pour leur lait, et non pour en avoir des élèves, puisque les veaux sont tous vendus à la boucherie. Les domaines de Pierre-à-bot, ainsi que la campagne de l'abbaye de Fontaine-André, ont des étables considérables; cependant on n'y trouve pas non plus une race de bétail particulière. Les vaches sont comme presque dans toute la principauté, de races mêlées, soit des vaches du pays, soit des vaches suisses. A Chaumont, c'est le même cas; on y élève encore quelques pièces, ainsi qu'aux domaines de Pierre-à-bot et de l'abbaye de Fontaine-André.

Quant aux soins que l'on donne à ces bêtes, ils

sont couronnés du même succès; on ne peut pas nier que les vaches de la ville ne soient sans comparaison mieux soignées sous tous les rapports que d'autres, et il semble que les soins qu'on a pour elles remplacent les autres avantages dont jouissent celles qui se trouvent sur la hauteur, car nous les voyons partout prospérer de même.

Quelques meûniers à Serrières ont de jeunes chevaux suisses qu'ils engraissent ou rétablissent d'une manière quelconque, pour les vendre aux Français ou ailleurs.

Pour ce qui concerne le fourrage pour les chevaux et les bêtes à cornes, il faut d'abord dire qu'en ville, à très peu d'exceptions près, on a de bon foin; car il y a très peu de particuliers qui ne l'achètent soit en herbe, soit en foin, à la toise ou au quintal, d'où il résulte que l'on peut toujours choisir une bonne qualité. Pour le lécher des chevaux, on ne donne que de l'avoine pure (à l'ordinaire), ou on la mêle avec de la paille hâchée. Les rations sont très différentes, il y a des chevaux de maîtres qui mangent par jour plus d'une demi-mesure d'avoine avec 12 livres de foin ou avec de la paille, tandis que d'autres n'ont que du son avec de la bourre, mais jusqu'à 20 et 25 livres de foin; les deux espèces prospèrent de même. Cependant il y en a aussi auxquels on ne donne que le tiers de ce qu'ils devraient manger; tant pis pour ces pauvres esclaves de l'homme!

Les influences fâcheuses produites par le fourrage proviennent surtout du changement de nourriture; car l'impossibilité de nourrir les bêtes toute l'année avec le même foin est toute naturelle, et ce changement produit de légères affections gastriques, qui affectent aussi par sympathie les organes de la respiration, des affections qui diminuent l'appétit et donnent par fois des indigestions et de la toux. Le foin, principalement s'il est d'une bonne qualité, influe d'une manière irritante sur les chevaux étrangers nouvellement amenés. Dans les domaines des environs de la ville, on fait un excellent fourrage naturel et artificiel, qui produit une excellente nourriture.

Excepté à Pierre-à-bot et à Chaumont, où il n'y a que des puits, on abreuve les animaux avec de l'eau de fontaine (eau de source), et d'après les observations exactes que nous venons de faire, on peut être assuré que les chevaux, abreuvés toujours à l'écurie avec la même eau, sont beaucoup moins malades que d'autres. La cause en est simple, car les bassins des fontaines sont toujours malpropres, et l'eau est gâtée par les substances les plus différentes. A toute autre époque que celle de la fonte des neiges, l'eau du lac prend une qualité douce, savonneuse, qualité qui provient principalement des lessives qui se font.

Son effet sur le corps des animaux mérite quelque attention. D'abord elle convient plus que l'eau de source à tout cheval qui a des affections de poumons sans distinction, ainsi qu'aux chevaux trop irritables et surtout échauffés par un foin de qualités très aromatique.

Les écuries en général sont beaucoup meilleures sous tous les rapports que celles des autres endroits; on en trouve même de très belles, quoiqu'il y en ait encore qui ressemblent à des caves. Outre cela il y en a aussi un grand nombre dont le sol, pour des chevaux, n'a pas assez de pente depuis la crêche à la muraille, tandis que d'autres pour des vaches en ont trop.

Le travail est, en proportion de la nourriture, singulièrement partagé. Les chevaux les mieux nourris, soit pour la quantité, soit pour la qualité du fourrage, travaillent peu, tandis que ceux qui n'ont guère pour subsister sont extrêmement chargés d'ouvrage. Nous ne pouvons même nous empêcher de dire qu'on trouve des chevaux que l'on peut appeler de véritables rosses, dont le service ou l'usage, pour l'honneur de l'humanité, devrait être défendu par ordre des autorités. En général, on exige trop d'un cheval dans cette partie de la principauté; il n'est pas rare d'en voir que l'on fait marcher le plus vite possible à la montée, et aller au grand trot et souvent pendant une heure et demie ou deux heures à la descente, et cela quelquefois sans enrayer, ce qui excède les forces d'un cheval ordinaire; cependant les suites fâcheuses ne manquent pas de se manifester; l'on voit des chevaux boitant de toutes manières, soit de l'épaule, soit des hanches; des chevaux bouletés, roides; des suros, éparvins, courbes, mollets, etc. Une manière de ferrer sans raison et sans principes, chose qui n'est point du tout rare, contribue beaucoup aussi à ces inconvéniens.

Quant au pansement, nous pouvons assurer qu'il y a des chevaux pansés au-delà du nécessaire, tandis qu'il y en a qui sont tout-à-fait négligés à cet égard.

Entrons enfin dans quelques détails sur différens abus et préjugés, etc., tels que, par exemple, les saignées, celui de nettoyer la bouche, de casser les pointes des dents, etc., etc. Dans tout cela, il n'est que trop facile de trouver des causes suffisantes d'un grand nombre de maladies des animaux, comme la fortraiture, la courbature, la pourriture, l'hydropisie, maladies qui ne sont pas très rares parmi les chevaux qui sont en ville.

§. 22.

La juridiction de la Côte est composée des villages de Corcelles, Auvernier, Cormondrèche et Peseux, et est entièrement située dans le vignoble; elle s'étend depuis le Val-de-Ruz jusqu'au lac, et ce n'est que vers Rochefort et le Val-de-Ruz qu'elle a quelques plateaux où l'on cultive de l'herbe et des fourrages artificiels; elle a également quelques vergers et champs autour de Peseux et près de la banlieue de la ville.

Cette partie de la principauté a 58 chevaux, 2 taureaux, 91 bœufs, 143 vaches, 25 élèves et un veau, en tout 262 pièces, dont la plupart se trouvent à Corcelles, Peseux et Cormondrêche. A Auvernier, il y a tout au plus une huitaine de vaches et point de bœufs. Il y a, dans cette juridiction, quelques propriétaires qui tiennent à garder de belles vaches pour en avoir de beaux élèves.

La quantité de fourrage que ces communes ont dans la partie du vignoble n'est pas considérable, mais beaucoup de propriétaires possèdent des *montagnes*, c'est-à-dire des pâturages, sur la Tourne et aux alentours; c'est de là qu'ils tirent principalement leur foin, qui est ainsi d'une qualité supérieure; c'est pourquoi nous voyons cette prospérité parmi les bestiaux, quoique dans une juridiction du vignoble. Dans les champs de ce district, on cultive passablement de fourrage de racines pour donner à lécher aux bestiaux pendant l'hiver. On donne un peu d'avoine aux chevaux.

Il n'y a point d'autre eau que de l'eau de source, eau pure, propre et toujours fraîche; il est cependant fâcheux d'y trouver quelquefois des bassins de fontaine très malpropres à cause des lessives qui s'y font.

Les écuries en général sont bien exposées; il y en a, mais peu, que l'on puisse appeler malsaines, et les suites s'en font remarquer d'une manière non équivoque.

La situation de cette juridiction, et ses routes étant belles, quoique par places un peu rapides, facilitent le travail des bestiaux; mais dans le temps des semailles, des récoltes et des vendanges, on fait fortement travailler les chevaux et les bœufs.

Les coutumes nuisibles au bétail sont les saignées préservatives que l'on fait aux bœufs ainsi qu'aux chevaux, sous l'influence d'un ou deux individus qui se mêlent d'une chose qui n'est pas la leur.

Les maladies les plus ordinaires sont les maladies gastriques, comme l'inflammation du psautier (le sec), des diarrhées provenant d'irritation dans les les boyaux; nous y avons même vu quelques affections rhumatismales sérieuses. Chez les chevaux

on observe, outre des affections catarrhales ou gastriques légères, rarement des maladies internes.

§. 23.

La juridiction de Colombier occupe en grande
partie une légère pente qui se termine vers le lac
par une plaine, au commencement de laquelle se
trouve le village de Colombier et les hameaux et les
campagnes d'Areuse.

Les vignes et les champs s'y trouvent à peu près
en quantité égale. On y cultive surtout des fourrages
artificiels, beaucoup de racines d'abondance, de
rutabaga et des carottes.

Cette juridiction compte 37 chevaux, 38 bœufs,
88 vaches et 10 élèves, en tout 173 pièces des espèces les plus différentes. Il y a deux ou trois propriétaires qui ramènent chaque année une ou deux
fois quelques pièces de bétail de l'Oberland bernois.
Colombier a quelques chevaux de maître. Il faut
observer que dans cette juridiction on ne garde pas
de taureaux depuis deux années.

Pendant l'été on nourrit les bêtes que l'on n'envoie pas aux pâturages avec de l'herbe fraîche, en
hiver avec du foin, et assez souvent avec du foin
de luzerne et de trèfle ou du regain. Ces espèces
de foin sont d'une bonne qualité, pas trop échauf-
fante, quoique succulente. De même que dans les
juridictions du vignoble où il y a des champs, on

nourrit ici en hiver les bestiaux essentiellement avec des racines. Quant aux chevaux on leur donne un peu d'avoine, et quelques particuliers leur donnent aussi un peu de carottes avec du son et des graines de foin.

L'eau vient des sources; elle est bonne, cependant très fraîche.

Les écuries en général sont mieux construites, mieux exposées, et par conséquent plus saines, que dans plusieurs autres parties du pays.

La nature des routes, le peu de montées que l'on rencontre dans ce district, contribuent beaucoup à ne pas fatiguer les animaux ; la plupart des champs étant situés dans une plaine nommée Grand-Champ, il en est de même du travail. Outre l'automne et le commencement de l'hiver, époque où l'on charrie le bois depuis les forêts, il n'y a que les jours des semailles, des vendanges et des récoltes en général où l'on emploie les bestiaux à un fort travail.

Il n'y a point d'habitudes particulières à remarquer dans ce district; l'abus de la saignée s'y trouve cependant aussi, de même que dans les autres parties du pays.

Il n'y a pas non plus de maladies extraordinaires. En 1830 nous fûmes forcés de tuer à Colombier une très belle vache, qui portait deux veaux joints ensemble par la poitrine, et que l'on n'avait pu accoucher.

§. 24.

Remarque. Nous apprenons dans ce moment que le corps législatif vient de réunir le bas de la juridiction de Rochefort, ainsi que les juridictions de Cortaillod et de Bevaix, à celle de Boudry. Nous voulons, pour éviter un inconvénient dans le tableau du nombre des bestiaux, considérer ici la juridiction de Boudry, excepté le bas de Rochefort, qui sera examiné tel qu'il existait auparavant.

La juridiction de Boudry, comprenant la ville de ce nom, les villages de Bôle, Cortaillod, Bevaix, et les hameaux de Trois-Rods et du Petit-Cortaillod, ainsi que les fabriques et campagnes qui en dépendent, occupe la partie du pays la plus fertile, quoiqu'elle soit assez variée. On voit à la fois des plaines ainsi que des collines, des ruisseaux et le lac; on y trouve de la vigne, des champs et de superbes prairies. Entre le haut de Bevaix, du côté du lac et du côté du Jura, le village de Cortaillod et le village de Boudry, il y a des champs superbes et des prés qui fournissent, outre des blés et des céréales, une quantité d'herbes naturelles et artificielles. Il est vrai qu'il y a aussi des prés un peu marécageux et qui produisent des joncs. Depuis Boudry, dans le vallon qui est traversé par la Reuse, commencent de belles prairies qui s'étendent, en formant un tapis vert, vers le lac, vers les champs d'Areuse et le petit Cortaillod ; elles sont entrecoupées d'espèces de fils d'argent, qui sont des canaux dont l'eau ne met pas seulement en activité les roues des fabriques, mais arrose ces prairies parsemées d'arbres fruitiers. Le long des côtes du Jura il y a bien des places qui fournissent un excellent foin aux différentes communes de cette juridiction.

D'après la situation et les productions naturelles de cette juridiction, il est évident qu'on y trouve un assez grand nombre de bestiaux. L'ancienne châtelainie de Boudry comptait :

	Chevaux.	Taureaux.	Bœufs.	Vaches.	Elèves.	Veaux.
	46.	2.	88.	129.	14.	3.
L'ancienne mairie de Cortaillod :	24.	1.	48.	83.	2.	»
de Bevaix :	13.	2.	107.	136.	19.	4.
Le total	83.	5.	243.	348.	35.	7.

La quantité de champs est probablement la cause du grand nombre de bœufs qu'il y a dans quelques endroits de cette juridiction.

Quant aux races, ou plutôt aux espèces de bestiaux que l'on trouve dans la juridiction de Boudry, il faut aussi observer que la plupart d'entr'eux sont amenés de l'étranger.

Parmi les chevaux on trouve environ 20 chevaux de luxe, qui appartiennent principalement aux propriétaires des fabriques et à quelques auires particuliers. Les chevaux de travail sont des chevaux suisses des cantons voisins; il est rare qu'on y élève de jeunes chevaux. Les bêtes à cornes viennent des cantons voisins ou du reste du pays, car on n'en élève pas beaucoup dans cette contrée; les agriculteurs achètent des bœufs maigres, dont ils se servent pour cultiver leurs terres, après quoi ils les vendent après les avoir engraissés. Le commerce des vaches n'est presque d'aucune importance, car lorsqu'un propriétaire possède une bonne vache à lait, il la garde aussi long-temps qu'il le peut.

La juridiction de Boudry est très riche en eau de différentes espèces, et il n'y a pas de village qui n'ait de très belles fontaines, surtout Bevaix. Cette eau est en général très belle et très bonne, fraîche et même un peu froide.

Le fourrage est de différentes sortes et de différentes qualités, mais il faut bien donner la préférence au foin qui vient du côté du Jura, car celui des prairies est souvent plein de poussière, ou bien il moisit facilement, parce que l'herbe est ordinairement très aqueuse. Les places qui produisent des joncs donnent un fourrage aigre. Les herbes artificielles sont employées de deux manières, soit encore vertes, ou bien on en fait du foin. Pour donner à lécher aux bêtes à cornes (ce qu'on né-

glige par fois), quelques particuliers cultivent des
raves et d'autres racines.

Les écuries de cette juridiction sont très différentes; celles de plusieurs propriétaires riches ne
laissent rien à désirer qu'un peu plus d'air, que
l'on pourrait procurer au moyen de ventilateurs;
d'autres sont très anciennes et mal construites;
beaucoup se trouvent dans des coins et ressemblent
à des caves, elles sont sombres, humides et sales.

Le travail que les chevaux et les bœufs font dans
cette juridiction est encore proportionné à leurs forces, et il n'a pas lieu tout en même temps, mais il
est bien distribué toute l'année, et après que le
bois est amené des forêts, ce qui se fait au commencement de l'hiver, les bêtes ont le temps de se
reposer et de recueillir de nouvelles forces pour le
temps du labour.

Les bœufs et les chevaux sont mieux ferrés que
dans d'autres endroits; cependant on peut faire
aux maréchaux le même reproche qu'à la plupart
de ceux de la principauté, c'est de serrer trop fort
les fers sur les quartiers, ce qui produit les bleimes. On abuse également ici de la saignée.

Dans ce district les coliques chez les chevaux sont
aussi fréquentes que dans la juridiction de Thielle;
nous avons déjà soigné quelques chevaux de cette
contrée dont les coliques avaient été occasionnées
par la poussière qui se trouve dans le fourrage.

Les vaches gonflent par fois et il y en a aussi qui avortent. Les affections gastriques se manifestent sous différentes formes, ainsi que les affections rhumatismales et catarrhales.

§. 25.

La châtelainie de Vauxmarcus est jointe à celle de Gorgier; toutes les deux situées à l'extrémité occidentale du vignoble sur les frontières du canton de Vaud, ne forment que la juridiction de Gorgier. Cette juridiction compte, outre les villages et les châteaux de Gorgier et de Vauxmarcus, les villages de St. Aubin, Sauges, Frésens, Montalchiez, et les hameaux de Chez-le-Bart et Vernéa. Il n'y a pas de véritables plaines, car cette juridiction n'est proprement qu'une côte qui renferme quelques vallées. Les côtes qui ne sont pas trop élevées fournissent le meilleur foin; on y plante aussi des blés et des céréales; la quantité des vignes est considérable; les hauteurs du Jura de ce côté forment des pâturages. Plus près du lac on cultive quelques espèces de racines, et l'on y a l'habitude, ainsi que dans quelques endroits de la juridiction précédente, de mettre du gyps sur les terres.

Le nombre des bestiaux dans ce district est assez

considérable ; il y en a dans l'ancienne châtelainie de Gorgier :

	Chevaux.	Taureaux.	Bœufs.	Vaches.	Elèves.	Veaux.
	22.	5.	317.	385.	124.	43.
De Vaux-marcus :	4.	1.	37.	41.	18.	6.
Le total	26.	6.	354.	429.	142.	49.

Le nombre des élèves est considérable. Il y a dans cette juridiction quelques étables remarquables, comme, par exemple, celles qui appartiennent au château de Vauxmarcus, qui renferment environ une trentaine de pièces de bétail. En général le bétail de cette juridiction n'est pas d'espèces distinctes, mais d'espèces mêlées ; cependant il est bien formé, quoique presque toujours maigre ; il faut être de bon compte, le bétail n'est pas soigné comme au Val-de-Ruz par exemple. Les laboureurs achètent des bœufs maigres, dont ils se servent quelque temps et qu'ils revendent ensuite, après les avoir engraissés, à des marchands et des bouchers du canton de Vaud. Le commerce des vaches n'est pas considérable. Il se fait beaucoup d'achats pour cette contrée aux foires du voisinage dans le canton de Vaud, et vis-à-vis dans le canton de Fribourg.

Nous avons déjà dit que cette contrée produit un excellent fourrage ; on en voit le bon effet lorsque les bœufs, les vaches taries et les génisses maigres et nourries pendant l'hiver avec de la paille et très

peu de lécher, se rétablissent à mesure qu'ils reçoivent du foin.

L'eau est abondante dans ce district, et d'une
très bonne qualité.

Les écuries sont, en quelques endroits, assez exposées à l'air et au soleil; cependant on en compte
encore un grand nombre qui sont en mauvais état,
et qui sont humides, sombres et mal-propres.

Le travail se fait principalement par les bœufs;
quelquefois on se sert aussi des vaches. En proportion des soins et du fourrage que l'on donne
aux bœufs, on exige beaucoup de travail de ces
animaux.

Un principe très mauvais dans le soin du bétail
de cette contrée, est que pendant l'hiver, outre la
paille, on lui donne le lécher très irrégulièrement,
dans l'idée qu'un peu à la fois ne sert à rien; on
en donne donc une plus grande portion, mais seulement deux ou trois fois par semaine. Cela mérite
d'être mentionné, aussi bien que l'abus de la saignée, qui finalement ne fait qu'affaiblir mal à propos. Une des maladies les plus fréquentes des bêtes
à cornes, est la tympanite; on est disposé à l'at-
tribuer à l'usage de mettre du gypse sur les terres.
Une autre maladie qui se manifeste encore dans ce
district, est celle de la pierre (lithiasis). Nous ne
connaissons guère les causes qui l'occasionnent.

B. *La région des champs.*

§. 26.

La juridiction des Verrières est située à l'extrémité occidentale de la principauté, sur les frontières de France et du canton de Vaud; elle est entourée en partie par les juridictions du Val-de-Travers et celle de la Brévine. Cette juridiction est composée des villages des Verrières, du Grand-Bayard, du Petit-Bayard et des hameaux de la Côte-aux-Fées. Quoique la hauteur du vallon ne surpasse guère celle du Val-de-Travers de plus de 300 pieds, ses montagnes se trouvent en grande partie dans la région des pâturages, et quoiqu'elle soit dans la seconde chaîne du Jura, on n'y trouve pas d'arbres fruitiers. Le terrain y est assez varié; on y trouve principalement des pâturages; cependant il y a aussi des champs.

Cette juridiction a quelques endroits marécageux et des tourbières. En général la végétation, eu égard à la situation élevée du district, est par places très belle, et l'on y trouve une grande quantité de plantes de différentes espèces; cependant l'on n'y récolte que de l'orge et de l'avoine; le froment vient seulement dans quelques-unes des meilleures expositions. Quant aux herbes artificielles, on y trouve encore de l'esparcette. Les pommes-de-terre et autres espèces de racines ont bien de la peine à y prospérer.

La juridiction des Verrières a :

Chevaux. Taureaux. Bœufs. Vaches. Elèves. Veaux.
285. 17. 9. 1028. 235. 51.

Le bétail en général y est beau et la quantité qu'on y en élève considérable. Depuis que l'achat du bétail en France est interdit, son amélioration dans cette partie du pays est visible. Les taureaux et les vaches n'ont rien qui les distingue des autres espèces qui se trouvent dans le pays ; les vaches sont bonnes laitières, car la quantité de fromage que l'on y fabrique pendant les trois mois d'alpage, se porte à 125 milliers de livres. Les chevaux diffèrent en quelque sorte des autres chevaux du pays ; ils sont d'une taille plus forte ; à proportion de cette taille ils sont larges et en outre bien ramassés, très forts et solides. Il faut observer que les propriétaires qui élèvent des chevaux font couvrir leurs jumens par des étalons des frontières de France, surtout de Bourgogne, qui se distinguent assez (comme cela est connu) par leur forte taille et leur beauté. Sans doute en parlant de ces chevaux, on excepte un nombre considérable de mauvais chevaux dont les charretiers se servent pour voiturer les marchandises de la France dans ce pays.

Le fourrage par sa qualité naturelle, c'est-à-dire

comme fourrage de montagne, soit vert, soit sec,
est l'un des meilleurs du pays, ce qui ne contribue
pas peu à l'embonpoint des bestiaux. Comme le
fourrage de racines, lorsqu'on veut engraisser du
bétail, y est rare, on se sert pour le lécher de son
et d'avoine. Cette juridiction vend beaucoup de
bestiaux.

L'eau y est de différentes qualités; il y a des
sources, des puits et aussi des citernes.

Les écuries en général sont bien exposées, ce
qui rend leur mauvaise construction moins nuisible; mais la propreté n'y règne pas partout.

Le travail des chevaux dans ce pays, situé dans
les montagnes, est toujours plus ou moins pénible;
cependant les soins que l'on donne aux chevaux
portent toujours leurs fruits, et en général ceux
qui soignent bien leurs animaux n'ont ni à crain-
dre ni à implorer les revenans (nitons), etc.

Le nombre des maladies est peu considérable,
et il y en a, en général, peu de particulières à cette
juridiction; mais au printemps il est inévitable qu'il
ne périsse pas quelques pièces de bétail dans les
pâturages à cause de l'effet de la verdure nouvelle,
de l'air, etc., sur un corps affaibli par des écuries
chaudes, etc., pendant l'hiver. Le mal noir en enlève aussi parfois quelques pièces. Quant aux chevaux dont se servent les charretiers, il n'est pas
rare d'en voir qui sont souvent pourris, qui ont la

courbature ou qui boitent. Les raisons en sont aussi connues que naturelles.

§. 27.

La juridiction du Val-de-Travers, avec celle de Travers, forme un superbe vallon entouré de rocs taillés à pic et de pâturages fleurissans qui viennent se réunir à son entrée sur la frontière de la juridiction de Rochefort, ainsi qu'à la Chaîne, près de St. Sulpice (frontière des Verrières). Ce vallon est formé de gorges tout-à-fait étroites qui lui donnent quelque chose d'imposant, tandis que la Reuse, qui sort d'un roc près de St. Sulpice, en arrose les prairies, les champs et les marais, et se précipite de là, en sortant de ce superbe vallon, dans le vignoble. Il est embelli par quelques endroits où la nature se fait voir dans toute sa grandeur, ainsi que par les beaux villages des deux juridictions. La juridiction de Travers embrasse les villages de Travers, de Noiraigue et les hameaux de Rosières, du Joratel, de Martel et des Montagnes : celle du Val-de-Travers, les villages de Môtiers, Couvet, Plancemont, Boveresse, Fleurier, St. Sulpice et Buttes.

Voici le nombre des bestiaux qui se trouvent dans les deux juridictions du Val-de-Travers.

	Chevaux.	Taureaux.	Bœufs.	Vaches.	Elèves.	Veaux.
Le Val-de-Travers a :	377.	19.	87.	1205.	299.	136.
Travers a :	147.	7.	29.	744.	213.	26.
Total	521.	26.	116.	1949.	512.	162.

Les chevaux en général sont de différentes sortes et de différentes tailles; il y a de gros chevaux de Bourgogne, ainsi qu'une quantité de chevaux suisses, dont le plus grand nombre vient des foires du canton de Vaud. Ces chevaux en général sont bien formés, forts, robustes et vigoureux; il y en a quelques-uns, appartenant à certains charretiers, qui sont en mauvais état. Les bêtes à cornes sont belles, et nous sommes disposés à croire que si l'on parvient jamais à en former une race dans ce pays, ce sera d'abord au Val-de-Travers; car en proportion des autres parties du pays, c'est là qu'on en élève en plus grand nombre; aussi n'avons-nous rien à blâmer chez les élèves. L'on se plaint souvent du peu de lait que produisent les vaches, mais il est facile de parer à cet inconvénient; que l'on dessèche les marais, et l'on aura non-seulement moins d'humidité le long des bords de la Reuse, mais aussi le fourrage que l'on y récoltera sera d'une autre qualité, car les métairies le long des côtes consommant la plus grande partie du

fourrage qui s'y fait, il n'y a plus d'autres ressources, dans le bas du vallon, que les prés et le
fourrage qu'ils fournissent.

Le fourrage que fournit le sol du Val-de-Travers,
est l'herbe de montagnes et l'herbe de prairies;
toutes deux d'une très bonne qualité. Parmi les
herbes artificielles il y a beaucoup d'esparcette et
de trèfle, la luzerne y est peu connue; enfin, il y
a une très grande quantité de fourrage de marais,
puisqu'on y en compte environ 409 poses. On envoie pendant l'été un très grand nombre de bestiaux dans les pâturages qui fournissent une excellente herbe. La plus grande quantité du meilleur
foin se fait le long des côtes; ce qui en reste, c'est-
à-dire, ce qui n'est pas consommé dans l'endroit
même, est transporté dans le bas du vallon, où l'on
en nourrit les bêtes pendant l'hiver. Cependant il
arrive trop souvent que l'on est forcé de les nourrir
avec du foin de marais qui a peu de bonnes, mais
beaucoup de mauvaises qualités. Pour le lécher des
chevaux on sème suffisamment d'avoine; cependant
il y a parfois des chevaux qui en auraient grand
besoin et qui n'en reçoivent que très peu; mais
quand même on se sert de ces animaux plus fréquemment que d'ordinaire, on ne leur donne que
du son, ainsi qu'aux bêtes à cornes, auxquelles on
donne outre cela du sel.

L'eau du vallon en général est bonne; c'est principalement de l'eau de source; cependant il y a quelques étables qui sont situées tout près de la Reuse, comme par exemple à Couvet, où l'on puise de l'eau de cette rivière. Cette eau, lorsqu'on s'en sert pendant que la neige fond, rend non-seulement les bêtes à cornes cousues, mais elle les fait aussi avorter. Dans les pâturages il y a de l'eau de citerne.

Les écuries, quant à leur salubrité, sont sans doute différentes, suivant leur exposition à l'air et au soleil, de manière que celles situées le long de la côte, sont certainement plus salubres que celles du bas du vallon, qui sont assez souvent exposées à l'humidité. Le genre de structure des maisons dans le Val-de-Travers exerce déjà une grande influence sur les écuries, qui, en général, sont plus salubres que la plupart de celles du vignoble; néanmoins on pourrait désirer plus de propreté et plus de lumière dans la plupart d'entr'elles.

Le bétail dans le Val-de-Travers est employé aux travaux de l'agriculture, au transport des récoltes, du bois et à celui des marchandises, depuis les Verrières jusqu'à Neuchâtel. Il est évident qu'on se sert principalement de chevaux; le peu de bœufs qui s'y trouvent ne sont employés que pour l'agriculture.

Comme il y a beaucoup de montées, et que les routes ne sont pas partout dans un état tel que l'on pourrait le désirer, il est naturel que le travail y soit pénible à peu près partout sans distinction ; cependant il n'excède pas les forces des chevaux bien soignés. Nous voyons effectivement des charretiers qui amènent depuis les Verrières, avec un seul cheval bien soigné, environ 24 quintaux de marchandises sans inconvénient ; mais pour un cheval mal nourri, mal soigné, c'est beaucoup trop, et en peu de temps le cheval est abîmé. Il ne faut donc pas s'étonner si des maladies de différens genres sont la suite de ces abus ; mais pour dire vrai, le charretier du Val-de-Travers met son cheval dans une écurie en arrivant à Neuchâtel, tandis que beaucoup d'autres laissent les leurs au dehors, et souvent pendant plusieurs heures au froid ou à la pluie. Si plusieurs abus superstitieux n'étaient pas introduits de France avec les marchandises, l'état des chevaux dans le Val-de-Travers serait en général parvenu à un certain degré de perfection. Les malheureuses saignées, les sétons inutiles, et tous ces coups de mains de charlatans, etc., occasionnent encore beaucoup de malheurs dans cette partie du pays. Il y a une classe nombreuse de personnes qui préfèrent ces bêtises aux raisons d'un médecin vétérinaire.

Les fourrages du bas à cause de la quantité de poussière qui s'y mêle par les inondations de la Reuse, occasionnent chez les chevaux et chez les

bêtes à cornes des affections catarrhales et gastriques; les premières sont d'ordinaire opiniâtres et
finissent souvent chez les chevaux par les rendre
poussifs; comme ailleurs on voit vers la fin de l'hiver des vaches cousues, et même, ce qui est rare
dans ce pays, des vaches qui lèchent tous les objets (maladie gastrique).

§. 28.

La juridiction de Valangin embrasse un superbe
vallon, qui a presque la forme d'une coquille
d'huître; ce vallon appelé le Val-de-Ruz, est entouré des juridictions de Neuchâtel, St. Blaise, Lignières, la Chaux-de-Fonds, Rochefort et la Côte.
Sans contredit, cette juridiction, qui est très fertile, offre à l'œil le plus bel aspect, tant par la
quantité des villages qu'elle renferme, que par
toutes les productions des prés et des champs qui
s'y trouvent à la fois. Il serait trop long de nommer tous les hameaux, etc., qui composent ce district; nous nous bornerons à nommer seulement
les principaux villages, savoir : Valangin, Cof-
frane, les Geneveys-sur-Coffrane, Montmollin,
Boudevilliers, Fontaines, la Jonchère, les Gene-
veys-sur-Fontaines, Fontaine-Melon, Cernier,
St. Martin, Dombresson, Villiers, le Pasquier, le
grand et le petit Savagnier, Saules, Velard, En-
gollon et Fenin.

Le Val-de-Ruz est la seule partie du pays complètement agricole. Des collines et des petits vallons avec de petits ruisseaux entrecoupent cette partie de la principauté; il y a des champs fertiles et des prairies grasses; on ne trouve dans chaque commune qu'un petit nombre d'endroits que l'on ne peut pas appeler proprement marécageux, mais ils sont humides, et laissent quelque chose à désirer. L'herbe naturelle, les herbes artificielles, toutes les espèces de blés et de céréales, les pommes de terre, ainsi que les carottes et les racines d'abondance, sont les produits du sol de ce vallon; et les maisons des agriculteurs, ordinairement très propres, sont entourées de magnifiques vergers, qui réjouissent la vue d'une manière fort agréable.

Le produit du foin est énorme, et c'est avec beaucoup de raison que l'on peut dire que le Val-de-Ruz est le grenier à foin d'une grande partie du vignoble.

Il est évident que cette juridiction, qui est la plus grande du pays, compte un très grand nombre de bestiaux; il y a

Chevaux.	Taureaux.	Bœufs.	Vaches.	Elèves.	Veaux.
109.	27.	716.	1810.	726.	239.

C'est là sans contredit qu'on trouve les plus belles bêtes à cornes, soit qu'elles y aient été amenées, soit qu'elles y aient été élevées. Il y a plusieurs communes qui ont par an, une ou deux foires pour les bêtes à cornes; ces foires sont si considérables, qu'on peut dire que le plus grand commerce de bestiaux qui se fasse dans la principauté, se fait au Val-de-Ruz.

L'agriculture exige un grand nombre de bœufs de travail, mais jamais il n'y manque de bœufs gras, et il est bien entendu qu'il faut donner la préférence aux bêtes grasses de ce district, car on les y engraisse surtout avec de l'avoine. Le grand nombre des élèves indiqués dans le tableau ci-dessus, prouve suffisamment qu'on y élève beaucoup de bestiaux. Le bétail est beau dans toutes les saisons, car le fourrage n'y manque pas, et le travail n'est pas excessif. Cependant, à côté de toutes les louanges que nous venons de donner sur l'état des bêtes à cornes, nous aurions le plus grand tort d'oublier les chevaux qu'on y trouve et qu'on y élève. Pour parler vrai, chargés d'un travail bien souvent excessif, ils ne reçoivent pas en général les soins qu'ils méritent. Ils sont, pour ainsi dire, plus que durs. Ils ont d'ordinaire une charge de 20 à 24 quintaux pour monter au pas et pour descendre au trot. On élève passablement de chevaux au Val-de-Ruz; les poulains y sont très beaux, et les jumens prennent plus tard des formes agréables, ce qui fait que les propriétaires les vendent facilement. Un cheval qui est élevé ou acclimaté au Val-de-Ruz, surpasse tout autre cheval du pays pour le travail et la dureté, car quoique toutes les circonstances se réunissent pour abîmer ces bons animaux, ils s'en tirent pourtant à merveille et parviennent à un âge très avancé.

La nourriture des chevaux est très simple; elle consiste en foin, et pendant quelques jours de l'été, en herbe; on ne leur donne que fort peu d'avoine, et nous sommes convaincus qu'il y a des chevaux auxquels on n'en donne pas trois émines par an. Lorsqu'on fait des fenaisons et que le vieux foin manque, on leur en donne du nouveau, sans qu'on s'aperçoive d'inconvéniens graves.

Pour les bêtes à cornes on choisit de bon foin, et pour les vaches à lait ou pour les bœufs que l'on veut engraisser, de bon regain et du foin mêlés. L'on trouve des propriétaires qui donnent à un bœuf qu'ils veulent engraisser, jusqu'à 6 ou 8 livres d'avoine et une livre de sel par jour; il est vrai que, de cette manière, l'agriculteur du Val-de-Ruz engraisse à merveille ses bœufs dans l'espace de 6 à 8 semaines; mais si l'on veut viser à l'économie, c'est une toute autre affaire. Aussi il y a quelques particuliers qui, pendant les plus forts travaux, donnent à leurs bœufs de l'avoine à lécher. Pendant l'hiver, époque où l'on s'en sert peu, on leur donne, ainsi qu'aux génisses et aux vaches taries, du foin et de la paille par égale portion. Le lécher ordinaire pour les bêtes à cornes est du sel et du son, mais très souvent on le bonifie avec du fourrage de racines. Pendant l'été l'on met aux pâturages tous les bestiaux dont on ne se sert pas, savoir les veaux, les génisses et les bœufs; quant à ceux que l'on emploie, ainsi qu'aux vaches à lait, on leur donne du fourrage vert. Dans cette partie, comme dans le reste du pays, on donne deux fois à manger par jour pendant l'hiver, et en été, dans certains endroits, trois fois.

L'eau que l'on donne à boire aux bêtes dans cette juridiction, est de qualités très différentes; il y a de l'eau de fontaine, mais les bassins y sont souvent mal propres, on y lave le linge. Les particuliers assurent que leurs bêtes aiment beaucoup à boire de cette eau (?). Outre l'eau de source, on leur donne aussi de l'eau de puits, et même, dans quelques endroits, de l'eau de citerne. En général, ces eaux valent bien celles de la région du vignoble.

Les écuries y sont aussi de différentes qualités; il y en a de bien et de mal construites, bien peu qui soient exposées au soleil; elles sont par cela même toujours humides; de plus il y a des écuries propres et d'autres malpropres. Le défaut le plus ordinaire de construction est que l'allée derrière les bestiaux est trop étroite, que ces écuries n'ont pas assez de hauteur ni assez d'ouverture pour y introduire l'air pur. Ces défauts sont d'autant plus graves que pendant l'hiver on ferme les écuries pour ainsi dire hermétiquement, et qu'on y met généralement trop de bétail.

Quant au travail que l'agriculteur du Val-de-Ruz exige de ses animaux, nous croyons avoir déjà fait plus haut les observations nécessaires à ce sujet. Il nous reste cependant à ajouter que les bœufs ne font pas autant de travail que les chevaux, et que ces derniers ne sont point du tout soignés comme ils le méritent. Il ne sera pas superflu non plus de rappeler à certains propriétaires qui amènent presque tous les deux jours en ville soit du foin, soit du bois, ou qui viennent y chercher des marchandises pour les transporter aux montagnes, de tâcher de mettre un peu mieux à l'abri leurs chevaux, qu'ils laissent souvent pendant plusieurs heures exposés à l'intempérie de l'air, et sans les faire boire, tandis qu'ils savent fort bien trouver un abri pour eux-mêmes dans des endroits où il n'y a ni vent, ni pluie, ni neige.

Si nous ajoutons à toutes ces circonstances, propres à ruiner la santé des animaux, les montées, le mauvais état de plusieurs routes de traverse, les différens abus et usages superstitieux et ridicules, ainsi que l'influence des charlatans, des soi-disant médecins vétérinaires, le ferrage mal raisonné, etc., il est facile de comprendre que s'il ne se manifeste pas précisément de graves maladies, cela donne lieu à de fréquentes indispositions, dont nous ne parlerons pas ici. Mais les maladies les plus sérieuses et les plus fréquentes sont les inflammations de la tétine chez les vaches, le sec et le mal de cri chez les bêtes à cornes en général; et plus souvent chez les bœufs, la ladrerie, des toux chroniques *(traînantes)*; chez les chevaux, la toux, l'esquinancie, les péripneumonies, la courbature, les affections hépatiques, les coliques, les rhumatismes inflammatoires, la fourbure, etc. Le foin nouveau que l'on donne bien souvent, avant la fermentation, occasionne de fortes irritations, principalement chez les bœufs.

§. 29.

La juridiction de Lignières est située à l'extrémité orientale de la principauté, sur les frontières du canton de Berne, et touche à la montagne de Diesse; outre cela cette partie du pays est entourée des juridictions de Valangin, de Thielle et du Landeron. Elle ne renferme que le village de Lignières.

Le district de Lignières, appuyé contre le Chasseral, forme une espèce de vallon, qui se termine en pente vers la juridiction du Landeron et de Thielle, et qui peut avoir environ la même élévation que le Val-de-Ruz. Le terrain y est fertile; on n'y manque pas d'eau; l'on y trouve même quelques endroits assez humides; il est divisé en prés, champs et pâturages. L'exposition de cette partie du pays est aussi belle que saine. L'agriculture y prospère; outre le froment et l'orge, on y cultive beaucoup d'herbes artificielles, de l'esparcette et beaucoup de trèfle. Les différentes sortes d'herbes en général sont d'une très bonne qualité.

Le district de Lignières a 55 chevaux, 2 taureaux, 112 bœufs, 185 vaches, 155 élèves et 9 veaux.

On y élève chaque année plusieurs chevaux, et cette juridiction étant très rapprochée de la montagne de Diesse, il faut donner aux chevaux de Lignières une préférence sur beaucoup d'autres. Il y a aussi un étalon, qui a déjà remporté deux primes. Quant aux bêtes à cornes, on ne peut leur donner que des éloges; elles sont belles en général; un grand nombre sont d'espèce indigène, et les bœufs ont presque tous une taille très élevée.

Le bon fourrage, l'eau de source, les soins que l'on prend du bétail dans cette juridiction, contribuent tout à la fois à en former une belle race et à en détourner bien des maladies. Le foin est d'une qualité supérieure, ainsi que le regain. La manière de nourrir les bêtes est la même à Lignières que dans les autres parties du pays.

Les écuries partagent les défauts généraux et principaux des autres districts de la principauté.

Le travail y est assez pénible, parce qu'il n'y a pas de véritables plaines, et pour sortir de la juridiction il n'y a que descentes et montées. Pendant les momens du labour, des fenaisons, des récoltes, etc., le bétail, c'est-à-dire, les chevaux et les bœufs, y sont un peu excédés d'ouvrage; mais les soins et la bonne nourriture compensent cet excès de travail.

Quant aux maladies, le bétail de cette contrée y est généralement peu sujet. Le trèfle, par exemple, donné aux chevaux, occasionne les mêmes accidens qu'ailleurs.

§. 30.

Remarque. La juridiction de Rochefort, située en partie dans la région des champs, en partie dans la région des montagnes, peut parfaitement nous conduire à l'examen de celles des pâturages ; c'est pourquoi la description de cette juridiction ne vient qu'à présent.

L'ancienne juridiction de Rochefort est entourée des juridictions de Travers, de Boudry, de la Côte, de Valangin et de la Sagne, et se trouve divisée par la nature en deux parties, juridiction du haut et juridiction du bas. Le haut commence à la

Tourne, et ce qui est du côté du lac depuis la Tourne, s'appelle le bas de Rochefort. La dernière partie appartient à présent à la juridiction de Boudry; la seconde forme la juridiction des Ponts. L'ancienne juridiction se compose des villages de Rochefort, des Ponts-de-Martel, de la Chaux-du-Milieu et des hameaux des Grattes, Chambreillin, Montezillon, Brot et Plamboz. On voit des champs et des pâturages dans cette juridiction, qui descend même un peu dans le vignoble, et en général le terrain y est très varié.

> *Remarque.* La description de la juridiction de la Sagne, avec le village du même nom, peut parfaitement être jointe au haut de la juridiction de Rochefort, à cause de leur situation.

Les grands marais, situés dans le vallon des Ponts, qui s'étendent jusqu'à la juridiction de la Sagne et qui s'y perdent insensiblement, sont assez connus; il est seulement à regretter que l'on ne puisse les réduire en bonne terre. Le seul produit qu'ils fournissent est de la tourbe et de la litière, là où l'on sait en profiter. Les pâturages des alentours, qui environnent le vallon, sont secs, souvent arides, et donnent une excellente herbe. Dans le bas de la partie du vallon qui appartient à la Sagne, il y a de très belles prairies.

Les seuls produits des champs sont l'orge, l'avoine et les pommes de terre.

Le bas de Rochefort a des champs considérables et de belles prairies; on y cultive passablement d'herbes artificielles, et outre cela des pommes de terre, des carottes et différentes céréales; en un mot, le bas de Rochefort est complètement agricole.

Le nombre des bestiaux qui se trouvent dans la juridiction de Rochefort est de :

	Chevaux.	Taureaux.	Bœufs.	Vaches.	Elèves.	Veaux.
	136.	8.	185.	601.	162.	44.
De la Sagne :	111.	5.	8.	611.	125.	40.

On élève rarement des chevaux dans le bas de Rochefort, mais on y en rencontre bien souvent de très jolis, qui ont été achetés jeunes dans le pays. En général, on y soigne bien les chevaux, parce que c'est le passage des marchands de chevaux français, qui y en achètent quelques-uns.

Aux Ponts et dans la juridiction de la Sagne, on élève un certain nombre de chevaux; il y a un bel étalon qui a déjà remporté deux primes. On ne peut pas nier qu'il n'y ait dans ce vallon une très belle espèce de chevaux de trait, qui se distinguent visiblement des autres espèces de la principauté. Ils sont sous tous les rapports très bien faits, vigoureux, ramassés; leur taille surpasse souvent la moyenne. On doit désirer que cette sorte de chevaux soit appréciée comme elle le mérite; il est seulement à regretter que dans ces endroits l'on châtre les poulains trop jeunes, ce qui fait qu'ils restent toujours très bas du garrot.

Les deux juridictions, de Rochefort et de la Sagne, ont en général de beau bétail; les bœufs que l'on a dans le bas de Rochefort sont beaux et toujours bien soignés, ainsi que les vaches. Ce n'est pas toujours le cas dans le reste de la juridiction et dans celle de la Sagne, où l'on garde trop de bétail en proportion du foin que l'on y récolte, et où l'on est forcé de nourrir très mal un bon nombre de bestiaux pendant l'hiver, ce qui les rend très maigres. Il est vrai que ces bêtes reprennent bien aux pâturages, mais il y a également encore là deux inconvéniens; car, faute de foin, on les met trop tôt aux pâturages, et, au lieu de prospérer tout de suite, il leur faut un certain temps pour se rétablir seulement un peu.

La nourriture que l'on donne au bétail dans le bas de Rochefort, est abondante et d'une bonne qualité; elle consiste en foin et regain de différentes sortes, en un peu de lécher, et souvent encore en un peu de fourrage de racines : à côté de cela, un bon pansement et de l'eau de source propre et pure, y font prospérer le bétail. Le foin et le regain que l'on récolte sur les hauteurs de Rochefort ainsi qu'à la Sagne, sont naturellement, comme le foin de montagnes, d'une qualité supérieure, mais en petite quantité; car il est prouvé qu'on a déjà été forcé de nourrir les bêtes pendant et surtout vers la fin de l'hiver, non-seulement avec de la paille, mais même avec des recrues de sapin. Il n'est point du tout difficile d'en calculer les suites fâcheuses.

L'eau de source manque presque entièrement dans ce vallon; elle y est remplacée par de l'eau de puits et de citerne, sans doute de triste qualité, et qui n'est point du tout favorable à la digestion ni au foie.

Quant aux écuries du bas de Rochefort, il n'y a rien de particulier à observer sur ce sujet : elles ont aussi à certains égards quelques-uns des défauts généraux, c'est-à-dire, l'obscurité, l'humidité et la malpropreté. Les écuries dans les pâturages sont principalement destinées à mettre les animaux à l'abri de l'injure du temps; c'est pourquoi elles sont rarement chaudes et bien fermées; mais elles n'en sont que plus saines, puisqu'il n'y manque pas d'air, mais seulement de propreté. Les écuries du bas du vallon sont en général petites, sales, sombres, mal pavées, et trop chaudes, de manière qu'il est impossible que la même quantité de bétail puisse y séjourner pendant l'été sans que cela produise des maladies.

Le travail dans le bas de Rochefort se fait au moyen des chevaux et des bœufs, et pour les uns et les autres ce travail est encore assez pénible, à cause de la nature des localités; cependant les soins

que les propriétaires prennent de leurs bestiaux,
réparent bien le tort que peut leur faire la fatigue.

Dans les vallons du haut, le travail est principalement réservé aux chevaux, et le grand nombre
de montées le rend très pénible; mais les propriétaires aimant leurs chevaux, et en prenant le plus
grand soin, n'ont que rarement des chevaux malades, et l'on peut dire qu'un cheval élevé de ce
côté là est d'une dureté incomparable.

L'échauffement qui provient des montées, et les
courans d'air sur les hauteurs, arrêtent la transpiration, et il en résulte parfois des péripneumonies,
des affections catharrales et même des coliques.
Les bêtes à cornes sont plus souvent malades, dans
le vallon des Ponts, que les chevaux; nous en avons
déjà mentionné les causes. Au printemps, il y périt ordinairement quelques pièces du mal noir.
Dans le bas de Rochefort, la maladie la plus fréquente est une espèce de fièvre catarrhale bilieuse
et qui est dangereuse. Outre cela, il s'y manifeste,
comme partout ailleurs, de petites indispositions
qui, si l'on prend soin de les faire traiter d'abord,
méritent peu d'attention.

C. *La région des pâturages.*

§. 34.

La région des pâturages, la plus grande des trois, offre le moins de variétés. Les espèces de bestiaux, leur nourriture, leur traitement, etc., sont, pour ainsi dire, partout les mêmes; c'est pourquoi nous examinerons en général, et tout à la fois, cette région tout entière.

Elle embrasse les juridictions des Brenets, de la Chaux-de-Fonds, du Locle et de la Brévine. Elle est bornée en grande partie par la France, et à son extrémité orientale elle touche au canton de Berne.

A peine est-on entré dans cette région, qu'on est frappé de la différence marquée qu'elle présente relativement aux deux autres. Elle se compose de deux parties distinctes. La plus grande comprend les pâturages proprement dits; ils sont enclos et parsemés en partie de forêts. L'autre comprend les prés labourables qui ont été anciennement défrichés, et qui sont ordinairement près de la maison d'habitation. Les portions de ces derniers qu'on veut renouveler sont labourées et semées pendant une, deux, et même jusqu'à trois années, d'avoine et d'orge. On les fume avec l'engrais que produit le bétail pendant l'hiver; puis on les laisse se gazonner naturellement. L'herbe, un peu plus longue que l'autre, fait facilement reconnaître les prés dont quelques-uns sont enclos. Partout on trouve les plantes des Alpes; l'herbe est fine, belle, pleine d'aromates, et mêlée par places d'ellébore (Helleborus niger), ou des différentes espèces de gentianes : la jaune surtout (Gentiana lutea), s'élève de beaucoup au dessus des autres plantes. Les noires forêts de sapins, parsemées de hêtres et de quelques platanes, occupent une très grande partie de cette région.

La solitude de ces pâturages est interrompue par le grand passage des piétons et des chars sur les superbes routes des montagnes, et principalement par la vie et la gaîté qui caractérisent les beaux villages qu'on y rencontre, et qui offrent un spectacle tout-à-fait frappant dans cette partie isolée de la principauté.

Le nombre des bestiaux est très considérable dans cette région; ce dont on peut s'assurer par le tableau suivant.

	Chevaux.	Taureaux.	Bœufs.	Vaches.	Elèves.	Veaux.
Juridiction des Brenets :	46.	4.	13.	382.	95.	66.
de la Chaux-de-Fonds :	232.	5.	9.	1011.	119.	62.
du Locle :	202.	7.	66.	944.	137.	28.
de la Brévine :	219.	18.	58.	1520.	214.	85.

Le nombre des chevaux est très grand, à cause du transport des comestibles, des marchandises,

etc. Les chevaux des montagnes sont généralement forts, car c'est ainsi qu'on les choisit, sans
avoir égard à la race; c'est pourquoi nous y voyons
des chevaux de trait d'espèces bien différentes. Il
y a des chevaux élevés dans le pays, des chevaux
venant de la frontière du canton de Berne, c'est-à-
dire, du Val-de-St.-Imier et de la montagne de
Diesse; il y en a du canton de Vaud, et bien souvent on y trouve de grands chevaux de la Bourgogne. En général toutes ces espèces se distinguent
par une bonne conformation et des membres secs.
Leur force corporelle, sous tous les rapports, est
admirable; ils sont doux, vigoureux et durs. Il y
a beaucoup de propriétaires qui achètent dans différens endroits des chevaux maigres, qu'ils engraissent en même temps qu'ils s'en servent, après
quoi ils les vendent à des acheteurs français.

Les bœufs que l'on y trouve sont principalement
destinés à l'engrais, et ne méritent aucune mention
particulière. Il n'y a nul doute que le fourrage des
montagnes ne leur convienne.

Les vaches sont en très grande partie élevées
dans le pays; celles-ci sont belles et réunissent bien
des qualités, surtout celles des dernières généra-
tions. On voit souvent des étables pleines, ou des
pâturages couverts des plus belles vaches que l'on
puisse voir. Les vaches étrangères sont achetées
aux foires des cantons voisins, ou bien ce sont des

vaches qui sont restées au pays après des enchères. Le nombre des élèves est grand, et ces jeunes animaux sont très beaux pendant l'été, mais pendant l'hiver ils sont ordinairement mal nourris.

La manière de nourrir les bestiaux dans les montagnes pendant l'hiver ne diffère guère de celle que l'on suit dans les régions inférieures. On donne aux vaches à lait de bon foin ou du regain, avec du lécher qui consiste en une pincée de sel avec un peu de son. Quant aux vaches taries ainsi qu'aux jeunes bêtes, on ne leur donne, outre un peu de lécher, que de la paille pure ou bien mêlée avec un peu de foin. La nourriture des chevaux est à peu près la même; cependant on leur donne plus souvent du son que de l'avoine, même quand ils travaillent.

La nourriture d'été est toute autre. C'est ordinairement au milieu du mois de mai qu'on mène le bétail aux pâturages. Quelques particuliers ont grand tort de mettre leurs animaux dehors avant cette saison, car au mois de mai les pâturages sont parfois encore couverts de neige. Chez ceux qui ont de vastes enclos, le bétail est en liberté. Ces animaux en pâturant font ensorte d'arriver à leurs étables ou cabanes, au moment où l'on doit les traire. Après que les vaches à lait sont traites, on leur donne le lécher dans des baquets que l'on met dans la crèche (usage ordinaire dans tout le pays), ou bien le vacher le donne à la vache avec la main, après qu'il l'a traite. Au printemps, et pendant les nuits très froides, on retient les bêtes dans l'étable, et en été elles s'y réfugient pendant la journée pour se soustraire aux rayons du soleil et aux mouches; ou bien elles se couchent à l'abri d'un sapin. (Il est très intéressant de voir comme chaque bête sait retrouver toujours sa même place dans l'étable.) Pendant la nuit, elles sont toujours dehors; les jours pluvieux même ne font aucune exception: c'est tout au plus si on retient dans l'étable pendant quelques jours les vaches qui ont fait leur veau, ainsi que les bêtes malades. Les animaux ont pleine liberté de boire quand ils veulent, l'eau sale des citernes qu'on puise dans des bassins de bois. Il en est sous tous les rapports de même pour les chevaux et les poulains; car il est très rare de trouver un pâturage exclusivement destiné aux chevaux; on les fait toujours pâturer avec les vaches; il est vrai qu'il n'y a rien de mauvais en cela. Entr'autres choses, il n'est point question de nettoyer ces animaux. Voilà comment ils passent l'été aux pâturages; ordinairement c'est à la fin du mois de septembre qu'on les en retire. Souvent la fin de l'automne, ou l'hiver qui s'approche, ne les rappelle pas encore dans les vallées: le manque d'herbe, occasionné par un nombre de bestiaux disproportionné à l'étendue et à l'abondance du pâturage, ou bien la mauvaise température de l'automne, force les propriétaires à faire descendre leurs animaux des montagnes; alors on les retient pendant la nuit dans les écuries où on les nourrit de foin, et pendant la journée on les conduit dans les prés ou vergers qui environnent les maisons, pour tirer encore profit de l'herbe peu succulente et peu savoureuse que le sol a produite depuis qu'on a fait le regain.

L'effet que la pâture exerce sur les animaux qui en profitent pendant quelques semaines, surpasse toute idée. De la force, un beau poil, un corps arrondi et vigoureux, en sont à-la-fois les fruits : des animaux maigres et faibles s'y rétablissent en fort peu de temps, et il n'est pas rare qu'on vende au boucher des bœufs bien gras sur les pâturages mêmes.

L'influence des herbes sur le lait, soit pour la quantité, soit pour la qualité, est aussi différente que leur quantité ou leur qualité elles-mêmes. Il est reconnu que la plupart des ombellifères influent principalement sur le lait, entr'autres la pimprenelle (Pimpinella magna et saxifraga) et l'Aethusa meum, dont l'odeur se fait parfois sentir dans le beurre. Le maximum du lait qu'une vache donne aux pâturages ainsi qu'à l'étable, avec du fourrage vert, est de dix pots, mesure de Neuchâtel; mais il est à remarquer que le lait provenant des vaches au pâturage est de meilleure qualité. Pendant l'hiver, lorsqu'on nourrit les vaches avec du foin ou du regain, 5 ou 5 $\frac{1}{2}$ pots sont la mesure moyenne dans les régions inférieures. Sept pots de lait dans les pâturages peuvent produire une livre de beurre.

La plupart des écuries dans les montagnes sont mal construites et basses, les maisons en général ne sont pas hautes; le pavé des écuries est ordinairement fait de grandes pierres calcaires carrées, ou de planches épaisses, qui, une fois gâtées, sont rarement réparées avant que le besoin le plus urgent ne force les propriétaires à le faire. Les écuries dans les pâturages ont toujours assez d'air, et même souvent trop, car quelques-unes ont des courans-d'air. Il est fâcheux que le bétail soit si mal réparti dans les vallées, où il y a en effet de petites écuries qui, bien souvent, sont tellement remplies de bétail, qu'il serait absolument impossible d'y mettre seulement un veau de plus, tandis que d'autres, très grandes, sont presque vides. Les deux cas extrêmes, trop de chaud et trop de froid, sont à éviter puisqu'ils ont des suites fâcheuses. La saleté et la négligence règnent dans le plus grand nombre de ces sombres cachots.

Le fort travail qui se fait dans les montagnes tombe exclusivement sur les chevaux, car on se sert tout au plus du petit nombre de bœufs que l'on y garde pour labourer le peu de terres labourables qui s'y trouvent ; après quoi on les met aux pâturages pour les engraisser. Il y a quelques chevaux de luxe dans les grands villages des montagnes, mais pour un fort travail on se sert d'autres chevaux. Le travail est effectivement très pénible, car dans ce pays on donne à un cheval à traîner pendant trois ou quatre lieues, et toujours à la montée, la même charge qu'en Suisse on donne à un cheval, mais seulement à la plaine. C'est ainsi qu'un cheval a bien souvent une charge de trois tonneaux de sel. Il est naturel qu'il y ait des chevaux ardens qui, arrivés sur la hauteur, sont baignés de sueur ; alors pour empêcher qu'ils ne se refroidissent, on enraie souvent et on descend au trot de l'autre côté de la montagne. Cela seul peut suffire pour donner une idée de ce qu'un cheval des montagnes a à travailler et de ce qu'il supporte, surtout si nous ajoutons qu'on voit bien des chevaux résister ainsi jusqu'à dix années consécutives.

Les maladies les plus ordinaires sont des inflammations, ainsi que des esquinancies, des péripneumonies, des gastrites, chez les chevaux : chez les bêtes à cornes, ce sont des fièvres, principalement au printemps ; le sec y est fréquent pendant l'hiver, ainsi que les inflammations des tétines et surtout l'avortement, dans les endroits où l'on met les bêtes trop tôt aux pâturages ; et si on les fait pâturer sur de l'herbe gelée, cela occasionne souvent le mal de cri, et toujours des tympanites ou des diarrhées.

Au commencement de l'époque où l'on met les animaux aux pâturages, il arrive souvent que quelques pièces de bétail périssent du mal noir (anthrax), ce qui a déjà plusieurs fois occasionné des craintes mal fondées de contagion, et a fait barrer des districts bien mal à propos. Aussi est-il facile de comprendre que le travail et toutes les circonstances qui sont plus ou moins en rapport avec le service des chevaux, et de plus la négligence des voituriers, occasionnent un grand nombre de maladies, nommées externes, ainsi que des lésions, etc., qui se montrent aussi chez les bêtes à cornes, dans les pâturages : elles sont ordinairement causées par des efforts, des sauts, et même des combats que ces animaux se livrent parfois entr'eux.

IV.

Institutions de police sanitaire.

§. 32.

Les institutions de police sanitaire, concernant le bétail, sont contenues dans le *Mandement concernant le bétail* de la principauté et canton de Neuchâtel, daté du 30 janvier 1826, signé Zastrow.

D'abord ce mandement ne concerne ni l'abus qu'on fait de l'art vétérinaire, ni les cas rédhibitoires; il n'existe point de réglement pour ce qui concerne cet art; il est loisible à chacun de se donner comme médecin vétérinaire et de guérir ou d'estropier des animaux sans que personne s'y oppose; et malgré la plus profonde ignorance dans cette partie, telle personne peut être assermentée dans des cas juridiques, cas où le bonheur ou le malheur d'une famille se trouve quelquefois entre ses mains.

Nous croyons faire ici une observation très juste en disant que des institutions qui mettent en sûreté la fortune nationale ainsi que la fortune des particuliers, ne gênent en rien la liberté d'un peuple!

Le mandement dont nous avons fait mention

plus haut, basé sur l'expérience et rédigé avec la plus grande circonspection, embrasse dans 21 articles, *a*) l'inspection du bétail, et *b*) les réglemens en cas de maladies épizootiques.

Remarque. Il semble qu'on n'y mentionne pas assez qu'il peut exister des maladies épizootiques non contagieuses, comme par exemple le mal noir; et des maladies épizootiques contagieuses, telle que la péripneumonie; et finalement des maladies sporadiques contagieuses, comme la morve des chevaux.

§. 33.

Le mandement établit dans chaque commune ou arrondissement un inspecteur pour le bétail, et, si celui-ci le demande, un adjoint. Il est chargé de la tenue des registres, de l'expédition des certificats, d'apposer et de reconnaître la marque sur les cornes, et de surveiller les foires. A chaque inspecteur est remis un registre très bien arrangé et qui est examiné une fois par an par l'officier de la juridiction.

Remarque. Il est à regretter que les connaissances des inspecteurs ne soient pas assez étendues pour ce qui concerne les chevaux.

Dans les certificats, les dates doivent être écrites en toutes lettres, et non en chiffres. Au mois de mai et de novembre de chaque année, l'inspecteur, accompagné d'une personne d'office, doit faire une visite générale de tous les bestiaux.

Remarque. Il serait très important que la même chose
se fît à l'égard des chevaux par les médecins vétérinaires.

L'inspection s'étend aussi aux animaux qui ont
péri ou qui ont été tués.

§. 34.

Quant aux épizooties, le mandement embrasse
toutes les précautions nécessaires; il défend l'ex-
portation du bétail, des cuirs et des peaux, des
fromages, de la paille, des engrais, etc. Le propriétaire d'un animal tombé malade ou qui a péri,
est sommé d'en faire le rapport à l'inspecteur, qui
a ses instructions pour prendre les mesures nécessaires. Toutes les précautions pour empêcher la
propagation d'une maladie sont indiquées, ainsi
que la barre, la séparation, l'encrottement du bétail, la purification des étables et dépendances, les
fumigations, etc.; tout cela est remis à la surveil-
lance de l'inspecteur, qui a le droit de barrer une
étable; et, ensuite des rapports faits par les experts, le conseil d'état lève la barre s'il y a lieu.
Enfin, tous les officiers, sous-officiers et médecins
vétérinaires sont avertis de bien surveiller l'exécu-
tion du mandement en général.

§. 35.

Il n'existe point de réglement particulier à l'égard des cas rédhibitoires. Tout ce qui a rapport à cette matière est fixé dans le coutumier d'Ostervald, et l'auteur de ce petit ouvrage croit faire plaisir à tout propriétaire de bétail en lui fournissant un extrait complet des articles qui concernent cette matière.

De la garantie des animaux, ou des actions rédhibitoires (*).

« Pour qu'il y ait matière à exercer cette action et à la garantie, il est nécessaire :

1° Que les vices et les défauts des animaux soient considérables, qu'ils en empêchent l'usage, ou qu'ils le diminuent considérablement, ou le rendent dangereux et nuisible ; car les lois ne donnent aucune attention à de petits défauts ou à de légères imperfections.

2° Ces défauts doivent être cachés (vitium latens) et ne pouvoir se découvrir à l'œil, au tact et à l'essai, car s'ils sont perceptibles et qu'on puisse les reconnaître, cette action ne peut pas avoir lieu, quand même le vendeur en aurait eu connaissance

(*) Liv. III, part. I, Tit. XIII.

et qu'il les aurait cachés à l'acheteur, parce que ce dernier doit bien examiner ou faire examiner ce qu'il achète, et être sur ses gardes pour se garantir et se préserver de toute tromperie.

Au reste, lorsqu'il y a matière à se prévaloir de cette garantie, il est très indifférent que le vendeur ait connu ou ignoré les défauts des bêtes qu'il a vendues, puisqu'il importe peu à un acheteur d'être trompé par la mauvaise foi ou par l'ignorance du vendeur.

Il y a de certaines maladies et de certains vices que l'usage détermine donner occasion à la rédhibition et être sujets à la garantie (*), par exemple,

(*) *a)* La *pourriture* est une maladie qui a son siége dans les poumons, et qui se manifeste par une toux faible, une respiration irrégulière, une faiblesse générale, un appétit variable, et quelquefois par des éjections de matières par la bouche ou par les naseaux : les crins s'arrachent avec trop de facilité, et les naseaux de l'animal répandent une odeur insupportable. Après la mort on trouve dans les poumons des abcès, des ulcères, etc. Cette maladie s'appelle proprement *phthisie ulcéreuse et tuberculeuse.*

b) Les symptômes de la *pousse* sont une toux courte et sèche, qui ne cède à aucun remède, une respiration gênée, jointe à un fort battement des flancs, à côté d'un appétit qui est rarement troublé. Après la mort on trouve parfois quelques destructions dans la poitrine, ainsi que des exsudations, les poumons adhérens; on rencontre même des tubercules dans la substance des poumons. Le vrai nom de cette maladie est l'*asthme.*

c) La *courbature* est ordinairement un mal si varié, si compliqué, que ce terme ne définit rien d'une manière précise. C'est, en général, un état d'étisie, et il vaudrait mieux comprendre sous cette

par rapport aux maladies des chevaux, la pourriture, la pousse, la morve et la courbature, et relativement à leurs vices, s'ils sont fous et lunatiques, car ces derniers défauts ne peuvent pas
toujours se reconnaître au premier essai. On doit
dire la même chose d'un cheval qui est aveugle,
mais seulement dans les cas où sa cécité n'a pas pu
se découvrir à la vue, comme cela arrive quelquefois.

Pour les cochons et les bêtes à cornes, la ladre-

rubrique les différentes espèces d'hydropisie et l'épuisement des
forces naturelles.

d) On appelle *lunatiques* les chevaux dont l'un ou l'autre des yeux
éprouve une forte inflammation et devient trouble, et cela périodi-
quement de trois semaines en trois semaines, jusqu'à ce que la vue
soit perdue.

e) Quand on parle de chevaux qui sont *fous,* c'est une définition
vague, qui se rapporte soit au moral, soit au physique. Dans le
premier cas il faudrait dire cheval fougueux; dans le second cas,
cheval pris du vertigo. Le *vertigo* se fait voir sous deux formes,
celui où le cheval fait rage jusqu'à sa mort, et celui qui se décèle
seulement par un état d'insensibilité et d'immobilité. Les deux espèces de vertigo sont signalées par une absence mentale à différens
degrés.

f) La bête *ladre* tousse souvent, et surtout lorsqu'on lui presse
les côtes des deux côtés; la toux ne cède à aucun remède. Les grains
qu'on aperçoit dans l'intérieur de la poitrine des bêtes à cornes,
quand elle est ouverte, ne sont qu'une exsudation de lymphe plas-
tique qui ne peut avoir aucune influence sur la santé humaine;
tandis que les grains qu'on trouve chez les cochons sont une espèce de vers qui rendent la chair tout-à-fait dégoûtante.

rie donne matière à la rédhibition; et quand même, relativement aux cochons, on n'aurait trouvé aucune marque de la ladrerie après les avoir fait visiter sur la langue, s'il s'en trouve dans l'intérieur, le vendeur est dans l'obligation de les reprendre et d'en restituer le prix avec tous les frais.

La même chose a lieu si une bête à corne est ladre, pourrie et gâtée, ou attaquée d'une maladie contagieuse, et que les poumons et le foie se trouvent consumés et affectés (ou autre ancien dommage que l'on aurait célé et caché à l'acheteur), à moins qu'on ne prouvât que ce dernier l'eût excédée de travail. On observe la même règle lorsque l'acheteur l'aurait reçue et achetée d'un lieu infecté de mauvais air ou de maladie contagieuse et qu'il l'aurait ignoré; mais s'il l'est allé acheter dans un lieu interdit, la perte est pour son compte, parce que c'est sa faute.

3° Il est encore nécessaire que le vice ou la maladie aient déjà existé dans le temps du contrat, car si on justifie qu'ils sont seulement survenus depuis, il n'y a plus lieu à la garantie. La même chose lorsqu'on prouve que l'acheteur a excédé les dits animaux et qu'il leur a nui par trop de travail; mais il faut que tout cela soit prouvé, car cela ne se présume pas.

4° Qu'il ne se soit pas écoulé plus de six semaines depuis le marché fait et conclu, parce qu'après ce terme on vient à tard, et qu'il n'y a plus de garantie; on présume alors que le vice ou la maladie ont commencé depuis que le marché a été fait, et qu'ils n'existaient pas auparavant.

Il a été dit que l'action rédhibitoire avait deux objets :

1° Lorsque l'animal vit et qu'il est simplement affecté de quelque tare, maladie, vice et défaut, l'acheteur doit en prendre une attestation juridique et sommer le vendeur de reprendre sa bête et de lui en restituer le prix; que s'il refuse de le faire de bonne grâce, l'acheteur actionnera le dit vendeur par devant le juge de son domicile pour l'y contraindre.

2° Le second cas arrive lorsque l'animal périt dans les six semaines, alors l'acheteur fait ouvrir et visiter la bête par des experts assermentés, dans la vue de connaître la nature de la maladie qui a occasionné sa mort. La visite se fait en présence d'un homme de justice, s'il est possible qu'il s'y rende.

Car si la distance des lieux le permet, il est nécessaire de faire citer le vendeur pour y être présent, en l'avertissant du lieu et du temps auquel la visite doit se faire.

Si la distance des lieux ne permet pas de le faire, comme il y a du péril de renvoyer ces sortes de visites à un temps trop éloigné, elles se feront également. La même chose lorsque le garant ne veut ou ne peut pas être présent à la visite.

La visite faite, l'acheteur en demande l'expédition et la fait ensuite signifier à son garant.

L'acheteur doit avoir soin, si l'animal qui a crevé ou qu'il a fait assommer est une bête à corne, d'en conserver le cuir et les cornes, et si c'est un cheval, le cuir et les quatre fers, afin que si le vendeur n'a pas été présent à la visite et qu'il n'ait pas reconnu sa bête, les marques qu'on lui en représente puissent la lui faire reconnaître.

Cette précaution cesse lorsque la bête a péri d'une maladie contagieuse, parce que, en bonne police et crainte que la contagion ne se communique, on fait encrotter sur-le-champ la dite bête en entier avec son cuir.

Tous ces préalables épuisés, si le vendeur, après en avoir été sommé, ne veut pas rendre le prix qu'il a reçu pour la bête qui est crevée, avec tous les frais légitimes, l'acheteur doit lui intenter action devant le juge de son domicile pour l'y contraindre, car cette action, qui dérive du contrat d'achat et de vente, est une action personnelle où l'acheteur doit rechercher le défendeur par devant son juge, dans la huitaine depuis que la visite a été signifiée, si la distance des lieux le permet. »

Ce qui suit mérite aussi d'être connu.

« Les juges doivent prendre toutes ces choses en objet, lorsqu'ils estiment et règlent les dommages et intérêts.

Autre exemple qui n'est pas tiré d'un dommage fait à des hommes. Une personne aura blessé un cheval qu'elle avait pris à louage : outre les frais de la guérison du dit cheval, des remèdes et de son entretien, elle doit encore payer ce que le maître du dit cheval perd par le temps qu'il aura chômé, c'est à dire, le dédommager du lucre cessant (*). »

(*) Liv. III, Part. V, Tit. XIV.

V.

Institutions d'amélioration.

§. 36.

Le besoin depuis long-temps senti d'employer toutes les ressources de l'esprit humain pour apporter des améliorations à l'éducation du bétail dans la principauté de Neuchâtel, et la conviction que la nature du pays en général est complètement favorable à ces améliorations, ont engagé les autorités à employer tout ce qui est en leur pouvoir pour assurer la prospérité du pays à cet égard. Le gouvernement a demandé au prince de Neuchâtel de pouvoir disposer de quelque argent pour stimuler l'éducation des bestiaux, pour établir des concours et pour distribuer des primes. Le prince a favorablement accueilli ces demandes, et a mis à cet effet une somme à la disposition du gouvernement ; c'est en 1821 qu'a eu lieu le premier concours de taureaux. La direction de cette institution est remise à une commission d'agriculture.

L'arrêt suivant est peut-être bien propre à en faire connaître les détails.

« Les rapports parvenus au gouvernement sur les concours des taureaux des années 1821 et 1822, l'ont convaincu que ces concours, surtout celui de l'année dernière, n'ont pas produit tout l'effet qu'on devait en attendre. La facilité d'amener les taureaux dans les endroits en général très rapprochés, fixés pour les concours d'arrondissemens, et le défaut d'une règle qui eût prescrit les formes qu'auraient dû avoir les taureaux soumis aux concours, ont fait qu'il y en a été présenté qui n'avaient aucune des qualités requises dans un taureau de choix ; et comme les experts n'étaient point autorisés à supprimer les primes qu'ils étaient chargés de décerner, on en a vu d'accordées pour des taureaux tout-à-fait inférieurs.

C'est ensuite de ces considérations que le conseil d'état, sur le rapport de la commission d'agriculture, a rendu l'arrêté suivant :

1° Il n'y aura point de concours d'arrondissemens dans l'année 1823, mais seulement à la Tourne un concours général qui sera annoncé, ainsi que le nombre et la quotité des primes à décerner, un mois avant l'époque fixée pour sa tenue.

2° Pour qu'un taureau soit admis à ce concours, on exigera à rigueur :

a) Qu'il soit justifié par un extrait authentique des délibérations de la commune, que ce taureau a été agréé par elle à son entrée dans le district, et qu'il est à l'usage de ses troupeaux : cette condition étant de rigueur, lors même que le taureau ne serait pas acheté pour le compte ou par ordre de la commune, et qu'il appartiendrait à quelque particulier, comme vacher, etc.

b) Qu'il soit justifié par des actes également authentiques, que le taureau avait plus d'un an et demi, et moins de deux ans et demi, au moment où il a été agréé par la commune.

3° Les primes seront accordées aux taureaux qui réuniront le plus grand nombre des caractères indiqués à la suite du présent arrêté.

4° Pour qu'un taureau obtienne une prime, il ne suffit pas qu'il ait plus que les autres les caractères indiqués : il faudra encore qu'il les réunisse en nombre et à un degré suffisant ; en telle sorte que si aucun taureau n'était jugé par les experts avoir droit à la prime, il n'y en aurait aucune de décernée.

Les communes ou les particuliers qui se proposent d'acquérir de beaux taureaux, feront bien de s'en pourvoir dans les foires d'automne, l'expérience des dernières années ayant fait voir que l'on ne pouvait se procurer que des taureaux de rebut dans les foires du printemps.

Donné au conseil tenu sous notre présidence au château de Neuchâtel, le 15 octobre 1822.

Le gouverneur,
CHAMBRIER.

*Description des caractères auxquels on reconnaît
les taureaux de choix.*

La tête doit être courte, le museau large, le front
large entre les yeux, le col épais et fort; les cornes
petites, blanches, plutôt inclinées en avant, jamais
en arrière; le dos droit et horizontal, la queue
tombant à-plomb; la croupe ne doit pas être écra-
sée, ni la queue relevée; les côtes, à partir de l'é-
chine du dos, doivent former une voûte bien arrondie, et, vues de derrière, ressembler à un
cylindre : il ne doit pas y avoir d'excavation derrière les épaules, et les côtes doivent être bien
jointes aux hanches, afin qu'il ne s'y forme pas de
ces creux appelés en allemand suisse Weidgruben
ou Hungergruben; alors l'épine du dos ne se trouvera pas relevée, et formera rigole. La croupe doit
être large et plate; les gigots forts et bien culottés;
les jarrets larges et tendus, formant une ligne
bien à-plomb jusqu'au sabot, qui doit être court
et arrondi, et porter plutôt sur la pointe que sur
le talon; les jambes plantées bien droit sur les sabots.

Les couleurs les plus recherchées sont le rouge
sale ou fromenté, tacheté de blanc, jaillotté et bo-
zard : les mêmes variétés en noir sont souvent recherchées. On rejette les couleurs uniformes et les
couleurs fausses, comme gris, bronzé, ramé, isa-

belle, brocard, etc. On fait cas des têtes blanches avec les oreilles et le tour des yeux en couleur. »

Les primes à décerner sont :

Une de quatre louis d'or,
Une de trois louis d'or,
Deux de deux louis d'or,
Et quatre d'un louis d'or.

Quant aux couleurs tachetées, on aime à croire que ce n'est effectivement qu'une chose de fantaisie; car il est prouvé et adopté partout où l'éducation du bétail est avancée, que les bêtes à cornes de couleur uniforme sont les plus recherchées; et en effet, les excellentes vaches du canton de Schwytz ou du canton de Berne ne sont-elles pas de couleur grise ou tout-à-fait rouges, ainsi que celles du Tyrol, etc.? De plus, quant aux cornes, on déteste les tout-à-fait blanches; on en désire qui aient les pointes noires.

D'ailleurs les concours des dernières années (en 1831 il n'y en a pas eu) étaient considérables, et il s'y est présenté de superbes taureaux, de manière qu'il n'y a pas de doute que notre pays ne puisse avoir dans peu de temps une belle race indigène de bêtes à cornes.

Les défauts les plus ordinaires à reprocher à nos taureaux sont : les côtes trop aplaties et le corps pas assez ramassé, car il est souvent trop long, et l'espace entre les côtes et les hanches trop étendu.

§. 37.

L'on a aussi fait, ainsi que la pièce suivante le prouve, des démarches pour l'amélioration de l'éducation des chevaux.

« Sa Majesté, notre auguste souverain, ayant bien voulu accueillir la très humble demande que lui a adressée le conseil d'état, en mettant annuellement à sa disposition une somme de quinze louis, dans l'objet d'améliorer la race des chevaux dans ce pays; et le conseil ayant fait examiner par une commission comment cette somme pourrait être employée de la manière la plus conforme aux bienveillantes intentions de Sa Majesté; il a décidé, sur le rapport de la dite commission, que le samedi 25 avril prochain, à 10 heures du matin, il y aura à la Tourne un concours ou inspection d'étalons appartenant à des communes ou à des ressortissans de l'état, en présence des membres de la commission et des experts qu'elle jugera à propos de s'adjoindre; lesquels distribueront aux propriétaires des dits étalons destinés à la reproduction, et que la commission jugerait, par leurs formes et leurs qualités, suffisamment propres à l'amélioration de la race, une prime de quatre-vingt quatre francs, une prime de soixante-sept francs quatre sols, une prime de cinquante francs huit sols, et trois primes de seize francs seize sols, indépendamment d'un dédommagement de trente batz à chaque étalon qui n'aurait pas obtenu de prime et qui ne serait pas trouvé trop défectueux. Les étalons présentés à ce concours devront être accompagnés d'un certificat de la commune du propriétaire, laquelle déclare que cet étalon appartient dès le premier mars précédent au dit propriétaire. Les étalons qui auront obtenu l'une des primes mentionnées ci-dessus seront marqués, et leurs propriétaires prendront l'engagement de les garder jusqu'au premier septembre prochain; s'engageant en outre, en cas de contravention, à restituer la prime obtenue, indépendamment d'une amende de seize francs seize sols, dont la moitié au profit du dénonciateur, et l'autre moitié au profit des pauvres de la commune.

Donné au conseil tenu sous notre présidence au château de Neuchâtel, le 19 janvier 1829.

Le gouverneur,
ZASTROW.

C'est l'an 1829 que le premier concours a eu lieu à la Tourne; il y a eu beaucoup d'étalons, dont peu étaient beaux, et aucun distingué; cependant on a donné les primes, comme moyen d'encouragement.

Cet encouragement n'aurait pas dû manquer de produire de bons effets; mais il n'a pas amené de brillans résultats, car l'année 1831 il n'y eut que trois étalons, dont aucun même n'était distingué.

7

Les défauts principaux se trouvaient aux jambes, qui n'étaient pas sèches et franches; aux côtes, qui étaient trop aplaties, et aux reins que l'on trouva trop enfoncés.

Il n'est que trop connu que dans ce pays, ainsi qu'ailleurs, on ne fait ordinairement couvrir que des vieilles jumens dont on ne se sert plus guère pour le travail; mais comme il est aussi bien connu par l'expérience que le poulain hérite presque toujours beaucoup plus des qualités de la jument que de celles de l'étalon, la commission d'agriculture a adopté un nouveau moyen d'amélioration, car dans un arrêté du conseil d'état, du 23 février 1832, qui indique un nouveau concours à la Tourne pour le 14 du mois d'avril, il est dit :

« Il y aura en même temps et au même lieu un concours de jumens, auquel sera admise toute jument dont le propriétaire sera domicilié dans l'état. Les deux plus belles, au jugement de la commission et des experts, obtiendront une prime de quarante francs de France chacune. Les propriétaires des huit jumens qui suivront, recevront chacun une indemnité de trois francs de France. »

VI.

Mauvaises habitudes, usages et abus.

§. 38.

Ce n'est qu'avec le plus grand dégoût que nous sommes obligés de signaler en premier lieu dans ce peu de pages, les funestes abus qui se font d'une science qui a pour but : 1° d'adoucir les maux des animaux, 2° de guérir leurs maladies, 3° d'assurer à l'agriculteur sa prospérité, qui repose sur ses troupeaux. Nous voulons parler de l'art vétérinaire.

La plupart des médecins vétérinaires du pays sont au-dessous des médiocres, et ils n'ont, pour la plupart, subi aucun examen; ils sont sans principes, sans connaissance de la nature, et même sans expérience raisonnée (*). Nous nous abstiendrons d'en dire davantage; notre but n'est de parler ni pour ni contre certaines personnes, mais pour le bonheur général de la principauté. Du reste, ce n'est ni par les urines toutes seules, ni par les poils, ni par des mystères, ni par des rodomontades, que l'on apprend à connaitre les ma-

(*) Depuis ces derniers jours, les Montagnes et la Paroisse ont fait acquisition de jeunes médecins vétérinaires, acquisition dont nous croyons devoir les féliciter.

ladies; ce n'est que par un examen raisonné et exact, fondé sur de bonnes études et sur l'expérience. Un grand nombre de nos agriculteurs se sont convaincus de cette vérité.

A ces individus se joignent encore un grand nombre de vieux vachers ou bouchers bernois, domiciliés dans le pays, qui ont conservé quelque chose de la superstition et de la charlatanerie du 16e siècle, ainsi que des *magnins* savoyards, etc., qui parcourent le pays dans le même but.

Finalement il est impossible qu'un bon médecin vétérinaire, homme d'études et de conduite, puisse exercer son art avec utilité au milieu de ces désordres où il ne trouvera jamais ni son compte ni sa satisfaction.

§. 39.

Examinons de plus l'abus de différentes opérations qui se pratiquent sur le corps de l'animal.

Un abus des plus impardonnables et dont on se rend coupable dans ce pays, est sans contredit la saignée. Le mauvais effet de la saignée trop abondante, produit de génération en génération une espèce de faiblesse et une disposition particulière à un grand nombre de maladies. Nous n'avons sous ce rapport rien de mieux à faire que de répéter ce que nous avons déjà avancé au public dans le temps, et d'ajouter que ni en Suisse, ni ailleurs, où l'éducation du bétail est parvenue à un haut degré de perfection, on n'a pas besoin de saignées pour engraisser, etc., mais qu'on n'en fait usage que dans des maladies inflammatoires.

L'abus de la saignée des animaux domestiques consiste surtout dans notre pays dans les trois cas suivans :

1° La saignée qui s'applique aux animaux maigres et misérables, dont la peau est sèche, le poil laid et hérissé.

2° La saignée des animaux qui font au printemps des éruptions cutanées, connues sous le nom vulgaire de feux et de dartres.

3° La saignée préservative.

Le sang est la substance la plus essentielle à la vie animale; la saignée en diminue la quantité; il est par conséquent facile de comprendre qu'elle attaque directement la source vitale, et que les suites de cette opération, fréquemment renouvelée, sont nécessairement la faiblesse et le relâchement. En partant de là, on sera forcé de convenir que dans les trois cas que nous avons cités, la saignée est l'opération la plus fâcheuse qui puisse être pratiquée.

1° La maigreur d'un animal provient en général du manque de sang; donc la saignée, loin d'améliorer son état, doit le rendre plus fâcheux.

2° Des animaux bien nourris pendant l'hiver,

et qui ne sont point appelés pendant ce temps à
un exercice régulier, prennent un accroissement
considérable de corpulence et de forces vitales; et
lorsque de pareils animaux poussent des éruptions
cutanées, c'est la suite d'une crise salutaire par laquelle la nature parvient à se débarrasser des humeurs, qu'elle jette ainsi à la surface de leur corps.
La saignée fait disparaître sur-le-champ l'éruption,
parce qu'elle affaiblit le corps, qui n'est plus ca-
pable de continuer la crise, et alors les humeurs
rentrent dans l'intérieur; aussi, elles ne tardent
pas à se manifester ailleurs avec un caractère beaucoup plus malin. D'où viennent en effet, chez nos
chevaux de paysans, les malandres, les eaux aux
jambes, les crapaudines, et bien souvent aussi les
molettes et les vessigons, si ce n'est de la saignée
mal à propos appliquée? Au reste, il ne faut pas
oublier non plus qu'avec le mauvais sang que l'on
croit faire sortir, on en ôte encore plus de bon.

3° La saignée préservative s'exerce sur des animaux qui, après avoir été supérieurement nourris
pendant l'hiver, conservent au printemps une
bonne santé, tout en nourrissant une grande quantité de sang. On a l'habitude de saigner de sem-
blables animaux pour les préserver des échauffe-
mens, sans réfléchir que la crise qui s'opère lors
du changement de poil, exige une bonne constitu-
tion chez l'animal, sans penser que la chaleur de

l'été fait diminuer la quantité du sang par la transpiration, que l'exercice plus fréquent en consomme une bonne partie, et que d'ailleurs les mouches ne laissent pas que d'en tirer aussi une assez bonne portion. Il n'est donc rien de plus ridicule que ces espèces de saignées.

Une nourriture et un travail modérés, un pansement régulier et la propreté, sont les véritables bases de la santé de nos animaux domestiques, et non point cet absurde traitement de la saignée, qui a fini par devenir une mauvaise habitude dont nos agriculteurs ne savent plus se passer. Il est vrai qu'ils s'excusent en disant que la saignée n'enlève qu'un quart de pot de sang, quantité qui ne peut en effet produire aucun petit changement visible. Mais le comble de l'absurdité, en matière de saignées, est la méthode d'un maréchal domicilié non loin de la ville, qui, après avoir saigné un cheval, lui fait avaler son sang, ordonnance aussi barbare qu'elle est contraire à la nature et à la raison humaine.

Un abus non moins fréquent que le premier, est celui de nettoyer la bouche des chevaux qui manquent d'appétit; voici ce que nous avons déjà dit ailleurs sur cette funeste invention.

Relativement au nettoiement de la bouche du cheval, nous venons de dire que l'enflure qui survient au palais, par sa sympathie avec la membrane

interne des organes de la digestion, résulte d'une dégénération des sucs gastriques ou des acrimonies de l'estomac en général ; cette enflure donne très souvent lieu aux maréchaux ou à tel soi-disant médecin vétérinaire, de signaler leur ignorance en faisant une saignée à cette partie de la bouche avec la pointe d'une corne de chamois, opération qui est toujours inutile et souvent dangereuse......
Plus avant dans la bouche on remarque aux deux côtés du frein de la langue deux petits corps élevés, qui ne sont que des appendices de la membrane de la bouche ; ces deux petits corps servent de couvercles aux orifices des deux canaux salivaires. Ces petits corps ont été quelquefois l'objet d'une opération résultant de l'ignorance la plus complète en hippotomie ; car quand un cheval n'avait pas bien mangé, on lui coupait aussitôt ces parties. Quant à l'usage où l'on est de briser les pointes ou esquilles des dents molaires, j'observe que c'est justement ce qui gâte les dents du cheval, et qui, parce qu'il le fait beaucoup souffrir, le porte à se méfier de ceux qui en veulent à sa bouche. D'ailleurs il est très naturel que plus on brise les dents, plus il s'y forme de pointes et d'esquilles, et la mâchoire est gâtée avant le temps.

Les raisons pour lesquelles un cheval ou tel autre animal, ne mange pas comme à l'ordinaire, sont les suivantes : 1° trop de repos ; 2° trop de travail ; 3° la dentition ; 4° les blessures dans la bouche ; 5° de mauvaise nourriture ; 6° de l'eau malpropre ; 7° maladies d'estomac ou maladies en général.

Or, si l'animal ne mange pas, qu'on change premièrement ces dispositions, et qu'on lui donne du fourrage vert, si cela est possible, ou qu'on le fasse barbotter dans du son. S'il persiste à ne pas manger, qu'on aille chercher le médecin vétérinaire, et non le maréchal, ou des charlatans, ou des vachers allemands et des vieilles femmes ; car l'homme qui a besoin de l'art du médecin, n'ira pas trouver le cordonnier. Alors on n'encourra plus le reproche d'avoir tourmenté des animaux innocens par des moyens que repoussent à la fois l'humanité et l'état de la science vétérinaire.

Il existe une coutume qu'on aura peine à croire, c'est de verser dans les narines des chevaux des remèdes destinés pour l'estomac. Au moment où j'écris, l'on vient m'annoncer la mort d'un mulet, qui semblait hier avoir des coliques, et dans les narines duquel on avait versé une bouteille d'eau où l'on avait délayé du sel ; comme il allait plus mal, on vint me chercher, et je trouvai, outre les coliques, une péripneumonie affreuse qui me fit désespérer de la guérison de l'animal. Voilà un sacrifice de 16 louis d'or fait à l'ignorance. Puisse cet exemple suffire pour dégoûter le lecteur de faire avaler à ses animaux des breuvages par le nez.

Dans ce pays ce sont principalement les Savoyards vagabonds qui châtrent les poulains. Leur manière barbare de faire cette opération leur convient parfaitement; mais de plus ce sont eux qui engagent par tous les moyens possibles, le propriétaire à ne pas renvoyer l'opération jusqu'à la deuxième ou troisième année, puisque, pour eux, elle est plus facile à faire la première. C'est de la castration que l'on fait trop tôt que le garrot de nos chevaux est plus bas que la croupe; c'est une infamie d'estropier ainsi en partie un cheval qui n'a encore reçu de la nature rien de superflu à l'égard de quelques parties du corps qui relèvent sa beauté.

Brûler la verrue aux vaches qui, pour d'autres causes, demandent le taureau, mais qui ne conçoivent pas, c'est aussi un usage qui ne fait pas honneur aux lumières de notre époque, en fait de sciences naturelles. Ces verrues ne sont absolument rien autre que de petites glandes muqueuses dans le vagin, et situées droit au-dessous de la membrane qui enveloppe ces parties. Les brûler ne sert à rien. Nous parlerons ailleurs des remèdes qui doivent remplacer cette opération ridicule.

Il y a bien des propriétaires de poulains qui croient qu'il est impossible que leurs poulains puissent croître et prospérer, si on ne leur coupe pas le bout de la queue. Toute réflexion raisonnable et l'expérience nous prouvent que cette opération est excellente pour raccourcir la queue et pour mieux pouvoir la relever, ou pour faire une saignée contre quelque maladie inflammatoire.

L'on fourre quelquefois des oignons trempés dans du sel ou du poivre dans le fourreau des chevaux, dans les cas de rétention d'urine. Si ce remède a fait quelquefois du bien, il peut nuire le plus souvent, car les irritans ne s'emploient guère impunément.

Il y aurait encore à relever plusieurs abus et défauts qui existent dans la conduite du bétail ; mais comme ils sont moins considérables et moins dangereux, nous en ferons mention dans le chapitre suivant.

VII.

Améliorations avantageuses.

§. 40.

La base de tout genre d'amélioration est l'abolition des mauvaises coutumes et des abus; or, en évitant ceux que nous venons de signaler comme tels, l'on aura fait le premier pas vers une amélioration raisonnable.

D'abord nous aimons à croire que nos premières autorités sont plus convaincues que nous ne pouvons le dire, qu'une police sanitaire qui embrasse surtout aussi la police de la médecine vétérinaire, doit assurer la fortune du propriétaire de bétail et rendre plus agréable l'état pénible d'un médecin vétérinaire de bonne foi.

Espérons qu'on sentira les défauts ou plutôt l'absence d'un réglement pour les cas rédhibitoires, et qu'on sentira de même que par ces lois coutumières dont nous avons fourni l'extrait, l'acheteur n'est point du tout à l'abri, et qu'à cause du vague de ces lois le vendeur et l'acheteur à la fois pourront être exposés à des procès, capables de ruiner leur fortune.

Quant aux institutions pour l'amélioration des races de bestiaux, ne serait-il pas à désirer que l'on distribuât aux jumens autant de primes qu'aux étalons, et une fête d'agriculture nationale ne rehausserait-elle pas les concours, et ne serait-elle pas peut-être un des meilleurs encouragemens?

Les grandes pertes que parfois les épizooties et les maladies contagieuses occasionnent à des particuliers, qui n'en sont point du tout dédommagés, ce qui les ruine souvent, font désirer *une assurance pour le bétail*. Il est superflu d'en parler davantage, car son utilité incalculable est évidente.

Il est fortement à désirer que nos agriculteurs, et principalement ceux qui connaissent suffisamment l'esprit philantropique qui anime l'auteur de ce petit ouvrage, en profitent, qu'ils fassent usage des bons conseils qu'il leur donne, et qu'ils servent ainsi de modèle à leurs voisins. Sous ces rapports ils doivent suivre encore quelques idées d'amélioration rapportées ci-après, sans mettre de côté leurs bonnes habitudes et leur expérience; nous croyons qu'il vaut mieux éviter les maladies que d'être obligé de les faire guérir.

§. 41.

Quant à la nourriture, il est très nécessaire pour la prospérité du bétail de suivre un régime uniforme; il est très important de s'arranger en sorte d'avoir pendant toute l'année une qualité de fourrage au moins médiocre, de manière que l'on ne soit pas obligé de donner le bon foin et le regain tout à la fois, pour être forcé plus tard de ne donner que de la paille. Qu'on évite de mettre les animaux trop tôt aux pâturages et de les laisser trop long-temps pâturer sur le regain.

Il est nécessaire de faire tous les changemens de fourrage insensiblement et jamais brusquement.

Donner trop à manger aux bestiaux est aussi mauvais que de les laisser avoir faim.

On évite beaucoup de désagrémens en donnant aux animaux une nourriture pas trop abondante lorsqu'on les mène à la foire.

La nourriture la plus simple est aussi la plus saine.

Que l'on n'oublie jamais le lécher et le sel, mais qu'on n'en fasse pas abus.

L'eau propre et pure vaut mieux que l'eau malpropre qui gâte les organes digestifs et le sang.

§. 42.

Une autre chose non moins importante que la nourriture, c'est le pansement et la manière de se servir de ses animaux.

Trop, et trop peu, sont deux extrêmes dont il faut bien se garder.

Il est aussi mauvais de laisser les animaux étouffer, pour ainsi dire, dans leurs propres ordures, que de les priver des préservatifs que la nature leur donne, croyant que cela contribue à la propreté, comme par exemple, de couper les poils dans les oreilles et même d'y faire entrer un chiffon de laine, et de les priver ainsi d'une graisse naturelle qui protège ces parties contre plusieurs influences du dehors, etc. Les animaux, de quelque genre ou de quelque espèce qu'ils soient, doivent bien prospérer lorsqu'on les nettoie une fois par jour.

Le trop de confiance que plusieurs maîtres ont dans leurs domestiques quant à la connaissance de ce qui concerne le cheval, a souvent donné aux animaux des peines inutiles et aux maîtres des chevaux malades.

Sans mouvement, l'animal ne se trouve pas bien, tandis que le mouvement en plein air est une condition importante pour sa santé; c'est pourquoi le travail ne peut jamais nuire à la santé, s'il est proportionné aux forces de l'animal; mais un travail trop rude, trop suivi, sans un repos nécessaire, ne manquera pas d'avoir des suites fâcheuses. D'ailleurs la Providence nous a donné l'intelligence et la force de dompter les animaux et de les apprivoiser, pour qu'ils nous soulagent dans les peines de la vie, mais non pas pour que nous les excédions de travail.

Il faut donc bien se garder d'imiter les voituriers et charretiers français et italiens qui visitent souvent notre pays, et qui donnent un très mauvais exemple à cet égard. D'ailleurs

« Le juste a égard à la vie de sa bête. »

Quand les animaux sont de retour du travail, et lorsqu'ils sont échauffés, frottez-les bien, afin que la transpiration ne s'arrête pas, et mettez-les toujours à l'abri du froid et de la pluie.

§. 43.

Nous avons vu dans la troisième partie de ce traité les principaux défauts des écuries, dont l'amélioration est de la plus grande importance. Parlons d'abord de leur construction.

Un défaut considérable est que, dans plusieurs parties du pays, les écuries sont enfoncées comme des caves, placées dans un coin de la maison, et, le plus souvent encore, plus profondes que le niveau du terrain. En construisant l'écurie à l'air et au soleil, on a déjà fait un grand acte d'amélioration, car c'est une des premières conditions pour les rendre sèches et pour l'évaporation de l'humidité. Changer le pavé, le remplacer par des cailloux ou du gravier grossier, l'élever de manière qu'il surpasse au moins de deux à trois pouces le niveau du terrain, voilà une seconde condition non moins importante que la première, car cela facilite l'écoulement des urines, qui doivent être conduites dans un réservoir situé en dehors et jamais en dedans de l'écurie.

Une écurie bien construite ne doit jamais avoir moins de huit pieds de hauteur, et une largeur telle qu'on y puisse établir une allée large de trois pieds et demi derrière les bêtes.

Enfin la lumière est aussi nécessaire à la prospérité des animaux qu'elle l'est à la végétation ; c'est pourquoi il faut établir dans une écurie des fenêtres ; mais elles doivent toujours être placées de manière que quand on les ouvre, l'air ne tombe pas immédiatement sur le corps des animaux. Quand il est impossible d'établir des fenêtres, on fera bien de construire une espèce de cheminée pour dissiper l'air gâté, ce qui se fera très facilement pendant qu'on abreuve les animaux à la fontaine ; on peut établir entre la porte de l'écurie et la cheminée un bon courant d'air. Nous devons également beaucoup recommander à cet effet d'y établir des ventilateurs.

La chaux est un des meilleurs préservatifs contre l'humidité et la pourriture du bois, et l'un des meilleurs moyens de détruire les miasmes ; en conséquence, il est aussi prudent qu'économique de donner au moins chaque année, pendant que les bêtes sont aux pâturages, une bonne couche de chaux fraîche à l'écurie. De cette manière on préviendra bien des indispositions et des maladies. Combien n'y a-t-il pas d'écuries qui ne sont que de vraies fosses de salpêtre? combien d'autres dont le pavé n'a pas été changé depuis bien des années! D'un autre côté, quand on aura une écurie bien construite, il s'agit alors de la tenir propre; la propreté procure deux avantages, savoir la prospérité du bétail et l'économie, car on gagne plus de fumier, et le bois de l'écurie ne souffre pas autant de l'humidité.

La température de l'écurie est une condition très importante pour la santé des bestiaux; cette température doit toujours être en proportion avec la saison et la nature des bestiaux eux-mêmes. La nature a donné aux animaux pour l'hiver un poil plus fourni; cela suffit pour les mettre à l'abri du froid, et il est inutile alors de donner à une écurie un degré de chaleur qui surpasse quelquefois la chaleur d'été. Il n'y a nul doute que si l'on fait sortir le bétail d'un endroit aussi chaud pour le conduire à l'air froid de l'hiver, des frissons de différentes espèces seront la suite de ces changemens brusques. Il est très utile de laisser, pendant les jours d'été, une porte de l'écurie ouverte, et pour que les mouches, les poules, etc., n'y puissent pas entrer, d'y mettre une porte faite d'une espèce de canevas.

Ce que nous entendons par la propreté d'une écurie est facile à comprendre; c'est d'ôter le fumier, le lisier, ainsi que les araignées, et d'y mettre une litière propre.

VIII.

Quelques conseils en cas de besoin.

§. 44.

Les plus grands soins qu'on emploie ne suffisent pas parfois pour prévenir les maladies et souvent la mort.

Les causes des maladies sont en nombre infini; une grande partie sont des causes naturelles, une plus grande encore des suites de négligence, d'ignorance, de maladresse et de superstition.

Ainsi s'il arrive quelque cas d'indisposition ou de maladie, il n'y a qu'une chose à faire, c'est de consulter un médecin vétérinaire de bonne réputation, et non pas un charlatan.

Souvent la maladie est d'une nature douce et qui n'inspire pas d'abord de crainte sérieuse, alors le propriétaire aime à faire son possible pour se passer de quelqu'un; ou bien la maladie est subite et a des symptômes véhémens, et le médecin est trop éloigné pour y porter un prompt secours; dans ce cas il est utile que le propriétaire connaisse quelques remèdes simples, efficaces et non nuisibles, qu'il puisse employer dans des cas urgens jusqu'à l'arrivée du premier. Ce n'est que sous ce rapport que nous allons donner quelques conseils aux propriétaires.

§. 45.

Une des maladies les plus promptes et les plus dangereuses, c'est les *coliques* chez les chevaux et les bêtes à cornes. L'animal alors ne mange pas, il est inquiet, souvent gonflé, il se jette par terre, se roule, se relève, frappe avec les pieds de derrière contre son ventre, et il est constipé.

Elles se manifestent quand la bête a mangé trop, ou trop vite. Une nourriture malpropre et pleine de poussière, et bien souvent une transpiration arrêtée, les occasionnent également.

Remède pour les chevaux :

Dans deux pots une décoction chaude mucilagineuse (de mauves, guimauves ou graine de lin), on met infuser une petite poignée de petites camomilles. On en donne au cheval malade tous les quarts d'heure une bouteille, après l'avoir passée au travers d'un linge, et en même temps on administre un lavement de la même composition, à laquelle on ajoute une pincée de sel.

Il faut éviter que le cheval ne se roule; on doit le couvrir, le frictionner avec des torchons de paille et le faire promener doucement jusqu'à l'arrivée du médecin vétérinaire; mais il vaut encore mieux le conduire dans son infirmerie.

Remède pour les bêtes à cornes :

Une infusion (thé) de petites camomilles, demi pot; eau de cerises, demi verre. Répéter tous les quarts d'heure, et donner les lavemens ci-dessus mentionnés, ou simplement de l'eau de savon.

2° Une autre maladie non moins subite que les coliques, c'est le *gonflement* des bêtes à cornes, qui provient de l'herbe trop grasse ou mouillée, ou du trèfle, qu'elles ont mangé trop promptement.

Remède : Eau de chaux, demi pot;

Huile d'asphalte crue, 2 cuillerées.

Remuer le tout et faire avaler la dose toutes les sept minutes, jusqu'à ce que l'animal se dégonfle; après cela il faut recourir au médecin pour en recevoir des stomachiques.

Pour prévenir le gonflement, il sera très utile de donner, quelques jours avant de mettre les bêtes à cornes au vert et quelques jours encore après qu'elles y ont été mises, tous les matins à jeun, une poignée de la composition suivante, qu'il faut leur mettre dans la bouche avec la main.

Prenez de la poudre d'herbe d'absinthe, de la poudre de racine de grande gentiane, de la poudre de baies de genièvre et du sel, par égales portions, et mêlez le tout.

3° Le *sec* des bêtes à cornes est en hiver une

maladie fréquente et assez dangereuse; elle consiste en une inflammation du psautier.

D'abord il est nécessaire d'éloigner des malades toute espèce de nourriture; on leur donne quatre fois par jour, et chaque fois un pot et demi de décoction mucilagineuse, dans laquelle on aura délayé du beurre, du sain-doux ou de l'huile d'olives, et par jour quatre lavemens de la même composition, et puis on aura recours au médecin vétérinaire.

4° La *rétention d'urine* a lieu souvent chez les chevaux ainsi que chez les bœufs. Les mêmes remèdes qui s'emploient pour les coliques sont très utiles dans ce cas. Si on est en route, une décoction de tabac à fumer avec du lait rend le même service. On frotte fortement les malades avec des torchons de paille, on les couvre, et on leur donne une bonne litière.

5° Le *quartier des vaches*, frisson du téton; c'est une inflammation des mamelles qui attaque un et souvent deux quartiers. Elle est occasionnée ordinairement par un courant-d'air ou un refroidissement quelconque.

On fait de fortes décoctions mucilagineuses, avec lesquelles on bassine aussi chaud que possible quatre fois par jour la partie malade; après le bain on la sèche avec un linge; de plus on trait la vache toutes les heures. Si le mal est bien grave, on consulte le médecin vétérinaire. La saignée ne sert à rien.

6° Lorsqu'un cheval ou une bête à corne ne *mange pas* comme à l'ordinaire, on lui ôte le foin et l'avoine, et on ne lui donne qu'à barboter dans du son ; si cela ne suffit pas pour lui rendre l'appétit, on consultera le médecin.

7° Quant aux animaux qui *toussent*, on réussira souvent à les guérir en leur donnant de l'orge cuite (tiède), et on les fait boire blanc.

8° Un accident très fâcheux, c'est lorsque *les vaches demandent le taureau, et cela sans concevoir*. Les causes de cet inconvénient sont : trop d'embonpoint, trop de sang, ou bien une espèce de faiblesse, de maigreur, et de défaut du sang ; cela arrive souvent chez les vaches auxquelles on a donné trop tôt le taureau. Si elles ne sont pas enfoncées à côté de la queue, et si elles sont bien nourries, une forte saignée, faite immédiatement avant de les mener au taureau, les rend disposées à concevoir ; si on ne réussit pas par ce remède, on enivre la vache qui est en chaleur, avec un *petit* quart de pot d'eau-de-vie qu'on lui fait avaler immédiatement avant de l'y conduire.

9° Quant au *feu*, éruption cutanée qui se montre au printemps, nous en avons parlé plus haut.

10° Pour les bêtes maigres, auxquelles il *manque*

du sang, le seigle cuit avec quelques cuillerées de bon vin, leur convient beaucoup.

11° Dans les *diarrhées*, on donnera deux ou trois poignées de farine noire par jour, rôtie sans beurre, ce qui produira le plus souvent un heureux effet.

12° Lorsqu'on s'aperçoit qu'un cheval a des *vers*, on lui donne le matin à jeun, pendant trois jours, une poignée de sel dans la bouche.

§. 46.

Pour ce qui concerne les *lésions extérieures*, comme contusions, blessures, enflures, etc., le premier but doit toujours être d'adoucir les douleurs et de dissiper l'inflammation. De simples écorchures sont guérissables au moyen de l'eau fraîche, ainsi que des contusions moins graves. On les humecte fréquemment avec de l'eau fraîche. Pour les contusions plus graves et les plaies, le mélange suivant est parfait :

Prenez : du sel ordinaire, une poignée;

du vinaigre, un verre;

de l'eau fraîche, un pot;

mêlez cela, et conservez au frais le mélange.

Si les *plaies, contusions*, etc., sont très graves, l'enflure grosse, et les douleurs bien fortes, alors on emploiera des bains fréquens d'une décoction mucilagineuse.

Pour dissoudre de petites enflures sans blessure, on délaie encore dans la mixture ci-dessus indiquée, de la terre grasse (argile). L'on en enduit la partie malade, mais toujours à rebrousse-poil, pour que cela tienne et pénètre mieux.

Il n'est pas rare de voir des animaux boiter, surtout des chevaux. La première chose est de bien examiner le siége du mal, et pour bien faire l'examen, il faut toujours commencer par les sabots et déferrer ceux qui sont ferrés. Si le sabot est chaud et si en frappant dessus il est douloureux, il y a de la fourbure ou des bleimes, et l'on doit appliquer le mélange ci-dessus, en le mettant dans un chiffon que l'on attache autour du sabot.

S'il y a foulure d'une articulation, le même remède s'applique.

Pour les chevaux fatigués et roides, si le mal est nouveau, on les guérira facilement en bassinant leurs jambes deux ou trois fois par jour avec une infusion de graine de foin dans de l'eau bouillante, à quoi l'on ajoutera encore une bonne poignée de sel et un bon verre ou deux de vinaigre; ensuite on les frottera avec des torchons de paille.

La meilleure chose enfin pour détruire les poux qui se montrent si fréquemment autour des jeunes animaux, est de laver la partie attaquée avec de la lessive (lissu); on laisse sécher, puis on lave la partie avec de l'eau de savon. L'on répète l'opération deux ou trois fois si cela est nécessaire.

Les dartres exigent le même traitement.

§. 47.

Nous finirons ce traité en indiquant encore quelques objets et quelques remèdes indispensables dans un endroit où il y a du bétail.

Un des outils les plus utiles et les plus nécessaires est sans contredit une grande seringue, pour donner des lavemens aux gros animaux. On ne peut guère exiger que chaque propriétaire soit pourvu de cet instrument, mais nous croyons que chaque communauté pourrait s'en procurer un, qui serait à la disposition de ceux des communiers qui en auraient besoin. Cet outil devrait être entre les mains de l'inspecteur du bétail, où l'on pourrait le réclamer à chaque instant.

Un trocar, avec trois ou quatre tubes, pour dégonfler le bétail, ne serait pas non plus superflu.

Les remèdes les plus simples, les plus faciles à se procurer, sont l'eau, la terre grasse, des guimauves, la petite camomille, de l'huile, du vinaigre, et la mixture de chaux et d'huile d'asphalte.

1° *L'eau de source* extérieurement employée, est rafraîchissante et dissout les enflures. Plus long-temps appliquée, elle donne du ton et fortifie les parties où on l'applique.

L'eau du lac est moins dure que l'eau de source; sa meilleure qualité est de rétablir à un certain point les jambes des chevaux vieux, fatigués et raides. On les mène une fois par jour dans le lac, c'est-à-dire, s'ils n'ont pas eu chaud (par exemple, le matin après un léger fourrage de foin); après quoi on les sèche bien et on leur fait faire un petit tour de promenade. On s'aperçoit facilement de l'effet de ces bains, car la première huitaine le cheval devient faible, mais bientôt après les bons effets se font remarquer. Ces bains continués dissolvent souvent des enflures qui ont résisté à tous les remèdes.

2° La *terre grasse* (argile) a des qualités rafraîchissantes, même un peu astringentes; c'est pourquoi elle ne s'applique pas dans les cas où les douleurs sont aiguës. Outre cela, elle sert supérieurement comme véhicule, pour appliquer d'autres médicamens.

3° L'*huile d'olives*, le *sain-doux* et le *beurre* sont des adoucissans; on les emploie avec avantage intérieurement. Toutefois ils dérangent plus ou moins la digestion.

4° La *guimauve* est, ainsi que la mauve et les graines de lin, adoucissante, calmante et émolliante; c'est avec ces plantes que l'on fait les décoctions mucilagineuses en faisant bouillir un quart de livre d'herbes, ou de graines, ou de racines sèches, dans six pots d'eau. La guimauve est préférable, parce que dans un petit coin de jardin on en peut planter beaucoup; lorsque la plante fleurit, on en ramasse les feuilles, et on les sèche à l'ombre pour les conserver. Les racines contiennent une quantité d'une espèce de jus gras; on peut s'en servir en été comme en hiver.

5° La *petite camomille* s'achète à la pharmacie; elle est antispasmodique, réchauffante, carminative, et très recommandable dans les indigestions et les coliques. Elle peut aussi être remplacée par la menthe.

6° L'*eau de chaux* se prépare en dissolvant de la chaux-vive dans une quantité suffisante d'eau fraîche; après que la chaux a déposé, on passe l'eau à travers du papier gris, et on la met dans des bouteilles avec deux cuillerées d'huile d'asphalte crue, puis on bouche bien la bouteille. Il faudrait toujours en avoir une douzaine de préparées. Cette eau se conserve ainsi jusqu'à deux ans. L'eau de chaux absorbe le carbone, et l'huile d'asphalte fait roter.

Je finis, dans l'espérance que les peines que je me suis données pour être utile au public de ce pays dans ce qui concerne ma partie, porteront de bons fruits, et qu'il conservera de moi un souvenir favorable.

TABLE DES MATIÈRES.